U0336238

数据归人

个体数据交换价值分析

吕雯 著

中国发展出版社
CHINA DEVELOPMENT PRESS

图书在版编目（CIP）数据

数据归人：个体数据交换价值分析 / 吕雯著 .

北京：中国发展出版社，2024. 9（2024. 12 重印）.

ISBN 978-7-5177-1427-9

Ⅰ. TP274

中国国家版本馆 CIP 数据核字第 2024VK8675 号

书　　　名：数据归人：个体数据交换价值分析
著 作 责 任 者：吕　雯
责 任 编 辑：郭心蕊　李欣桐
出 版 发 行：中国发展出版社
联 系 地 址：北京经济技术开发区荣华中路 22 号亦城财富中心 1 号楼 8 层（100176）
标 准 书 号：ISBN 978-7-5177-1427-9
经 销 者：各地新华书店
印 刷 者：北京盛通印刷股份有限公司
开　　　本：710mm×1000mm　1/16
印　　　张：13.25
字　　　数：130 千字
版　　　次：2024 年 9 月第 1 版
印　　　次：2024 年 12 月第 2 次印刷
定　　　价：58.00 元

联 系 电 话：（010）68990535　68996025
购 书 热 线：（010）68990682　68990686
网 络 订 购：http://zgfzcbs.tmall.com
网 购 电 话：（010）68990639　88333349
本 社 网 址：http://www.develpress.com
电 子 邮 件：174912863@qq.com

序
Foreword

　　在人类历史长河中，生产力的每次变革无不撬动着社会进步的杠杆，每当新的生产要素涌现，便意味着人类社会向着更高层次的文明迈进。从手工劳作到机械化生产，从土地资源到金融资本，每一次生产要素的升级换代都引发了社会生产关系的深刻重构。如今，随着信息化大潮的澎湃涌动，数据这一古老的信息记录的载体在新技术的赋能下焕发新生，正以前所未有的力度和广度，步入生产要素的舞台中央。

　　《数据归人》一书，正是在这个背景下诞生的启示之作，旨在揭开数据回归个体这一时代命题的神秘面纱，引导我们深入思索和探讨数据作为新型生产要素如何回归其创造者的本质属性，关注由此引发的社会经济变革。全书从数据的本质出发，细致梳理了数据从初现端倪到奠定其生产要素地位的演化过程，揭示了数据世界的基本构造、独特性质和市场挑战，并着重解析了数据归人的逻辑内核与实现路径。

　　作者运用深厚的行业积淀与前瞻性的洞察力，详尽阐述了数据归人从理论构想到实践落地的演进逻辑，指出数据从线上服务平台回归至个人、企业法人等数据源头主体，不仅是技术上的可行性探索，更是社会公平、经济效率和生产力发展的必然要求。借助现代数据平权技术，如多模态识别、人工智能语言交互模型、区块链等新型数据治理技术，个体管理和使用数据的能力得到了前所未有的提升，数据确权、流转与交易的基础设施日趋完善，标志着数据作为生产要素的时代正式开启。

在数据归人的发展趋势下，《数据归人》进一步揭示了新型生产要素对市场生态、社会结构和个体生活产生的广泛影响。从精细化的数据管理、供需双方互动的市场态势，到数据驱动的交易逻辑和收益分配模式的革新，再到数据社会从萌芽、快速发展直至深入变革的全过程，作者带领我们逐一审视个体数据交换如何激发出社会创新与经济活力的源泉。

此外，作者系统性地探讨了数据归人在更大层面上对国际关系、国家治理、企业和个人发展的影响，以及围绕数据权益保障所需的法规政策创新、财税制度改革和技术生态建设。这些观察与建议为我们理解和应对数据归人带来的机遇与挑战提供了宝贵的思路。

《数据归人》不仅是一本诠释数据权利回归的学术专著，更是一本引领未来、启迪变革的思想指南。它提醒我们，数据归人不仅是科技进步的必然选择，也是社会责任与历史使命的体现。推进数据归人，有助于构建一个更透明、更高效、更公正的数据驱动社会，从而实现社会生产力的全面提升和全球经济的可持续发展。

　　我衷心推荐这部著作给所有关心数据要素、关心新质生产力发展、关心人类未来的朋友们，相信在阅读过程中，你会被作者全新的见解、深入的分析和广阔的视野所吸引，感受到数据归人的发展趋势和无限生机。让我们携手并进，共同迎接这场由数据引领的新变革，开创一个更加美好的未来。

杨志勇

中国社会科学出版社总编辑

2024 年 6 月

前 言

　　在人类历史的长河中，生产力的不断进步是推动社会前行的核心动力。每一次生产工具的革新与迭代，都标志着人类双手的进一步解放、生产效率的显著提升以及生产关系的深刻变革。这些变化不仅加速了社会形态的演进，更推动了人类文明迈向更高级的阶段。自原始社会以来，劳动、土地、资本作为社会发展中的重要生产要素参与分配，使得劳动报酬、固定资产收入、投资收益成为现代社会财富的主要表现形式。然而，随着信息化时代的来临，数据这一古老的信息载体焕发出新的生机，它开始大规模记录各类主体的行为，展现出成为新型生产要素的潜力。

　　数据行为主体的不可替代性、数据内容的隐私属性以及数据共享机制的不通畅，共同决定了要真正发挥数据的价值和作用，数据的所有权应该由各个线上服务平台回归到行为主体。考虑到数据来源零散、使用高频、技术依赖性强等特点，数据个体所有权的实现需要有良好的数据基础设施的支撑。多模态识别技术、区块链、人工智能语言交互模型等数据平权技术的出现和完美结合，使得个体管理和使用数据的数字鸿沟正在消失。基于数字时代社会发展积累的海量数据，数据回归到个人、企业法人等行为主体的技术已经初步成熟，数据行为主体确权、使用、交易的技术也基本齐备，这是发挥新质生产力作用优化跃升劳动者、科技及数据组合的黄金机遇期。

数据，作为一种技术驱动的生产要素，其归属行为主体是社会生产力发展到一定阶段的趋势。随着数据社会的逐步发展与成熟，数据从产生的那一刻起便归属于行为主体，会逐渐成为社会的一种常态。基于社会统一的标签体系，数据在不同个体之间交易，可以有效支撑理性经济个体在决策过程中对完备信息的需要，这将大幅减少信任摩擦成本并缓解决策过程中的信息缺失问题。数据交易的成本、深度及频率不仅直接反映了数据在社会治理和经济运行中的渗透力，更决定了可信数据如何渗透至社会与经济运行的毛细血管。逐步释放的个体间数据交换潜力是支撑和推动数字社会、数字经济下一步发展的重要力量，更加透明、高效和智能的数据驱动型社会开始出现。

当数据成为一种被劳动者拥有的生产要素，数据收入也会成为个人收入来源的一种重要表现形式。朋友见面，除了聊聊工资收入、房产情况、投资收益，数据及其带来的收益也开始成为重要的讨论话题。对数据资产的管理意识和使用能力将成为决定下一次社会财富分配格局的关键因素；数据税收、数据财政将成为国家调节收入分配的重要手段；数据金融和数据保险将成为资本市场的新兴业务形态；而数据服务也将成为新型重要社会服务机构。数据社会的治理新模式和商业新生态将推动生产力发展、经济增长和居民收入提升，这不仅有助于构建新的国际竞争格局，更为人类社会的进步与福祉奠定坚实的基础。

数据归人是数据记录个体行为轨迹的必然演进阶段，随着这一进程的深入，我们即将迈入一个以数据为主要生产要素的新时代。在这个时代里，劳动者将拥有数据要素，企业将拥有数据资产，整个社会将共享数据财富。让我们积极拥抱数据归人的时代变革与社会发展的呼唤，充分挖掘和利用个体数据的价值，为构建更加可信、智能和美好的社会贡献自己的数据力量。

在人类历史的长河中，个人的努力或许显得微不足道，但正是无数涓涓细流的汇聚，才形成了波澜壮阔的巨流，迸发出改变世界的力量。在本书的写作过程中，我深受前辈、客户、同事的启发，尤其是我的事业合伙人石午光博士对数据作为生产要素的历史地位以及智能数据发展方向的系统思考和敏锐眼光，有力支持着我对数据归人及个体数据交换理论持续进行深入探索，推动我站在技术实践前沿审视数据归人的可行性及演进路径。志同道合，沐光而行，这是幸运之事，我也期望本书的出版能够吸引更多致力于推动数据归人理念的行动者共同前行。

在探寻数据的奥秘与潜力的过程中，我为其所蕴含的技术驱动力所震撼。本书不仅在内容上深入剖析了个体间数据交易的理论演进必然性与实践可行性，更在呈现形式上大胆创新，力求展现数据技术的独特魅力。例如，通过引入"L码"技术，进行数据确权的可视化呈现，让读者能够直观感受数字资产的价值。同时，运用 AI 交互技术，使书籍具备与读者互动的能力，打破传统书籍的静态限制，让阅读过程更加生动有趣。最后，我诚挚地邀请各位读者关注"AI 阅时刻"小程序，亲自感受本书所带来的技术应用与阅读体验。在这个数据化、智能化的新时代里，让我们携手探索数据归人的奥秘，共同开启一段全新的智慧之旅。

吕 雯

2024 年 4 月

目 录
Contents

第一章　数据初探：基本概念与特性的解读

　　数据的多样性和复杂性构成了一个丰富的领域，这一领域可根据不同的主体、行为、加工过程及其质量水平划分出多种类型。从多个视角审视，数据展现出社会、经济、隐私和技术等多种属性，同时，其分析维度涵盖长度、宽度、密度及可信度，这些是深入理解数据归人必要性的关键。数据本质上是对自然人与法人行为的数字化映射，然而，从行为到数据的转化过程中存在着显著的信息损耗，加之当前数据所有权机制的局限性，导致数据供需市场活力不足，数据共享面临重重障碍。这些问题进而制约了数据要素价值的有效发挥和充分释放。

第一节
数据的世界：基本概念与分类的梳理

一、数据的基本概念

自古以来，信息的呈现形式就纷繁多样，涵盖了对客观事件的叙述，各类思想、情感与情绪的抒发，以及为大众所共享的公共资讯，同时也不乏突显鲜明个体特征的数据信息。其中，数据作为信息的一个子集，主要用于记录已发生的事实或观察所得的结果，它是对客观事物进行数字描述的产物。传统上，数据多以数字符号的形式呈现，例如，唐朝（公元618年—公元907年）的疆域面积达到了1237万平方公里左右，人口数量在5000万到8000万之间；明朝（1368年—1644年）的疆域面积大约为997万平方公里，人口数量在1.5亿到2亿之间；清朝（1616年—1911年）的疆域面积达到了1350万平方公里左右，人口数量在3亿到4亿之间。[①] 这些数据不仅反映了不同历史时期的国家规模与人口变化，也为我们提供了深入了解历史变迁的重要线索。

---

① 中国历代王朝土地面积和人口数量 [EB/OL].https://www.sohu.com/a/700866688_121687419,2023–05–11/2024–08–14.

本书所探讨的数据，是一种记录对象身份信息、行为过程要素或行为数字化成果的综合信息载体，其表现形式丰富多样，涵盖文字、数字、图片、视频等多种媒介。这些数据既可以是定量的，也可以是定性的，它们灵活多变，能够全面反映各种信息。举例来说，数据可以是某个企业在采购、供应、销售等环节中，对各类交易对手、事件、价格的连续记录，这有助于企业精准掌握市场动态和交易趋势；数据也可以是某个消费者在互联网平台上的购物历史，包括交易商户、时间、数量、价格等详细信息，这反映了消费者的购物偏好和行为习惯；数据还可以是摄影师运用专业知识拍摄的照片作品，这些作品是摄影师创意和技术的结晶。在获取数据方面，可以通过多种方式和工具进行采集，如线下问卷调查、实地观察、实验模拟等，或者通过线上服务平台提供的线上应用服务来收集数据。

线上服务平台：是一个多元化的集合体，它既涵盖了为消费者提供服务的众多互联网应用平台，也囊括了服务于企业法人的各类业务平台，比如企业日常使用的政府信息填报平台、金融机构的业务平台以及提供业务支持的各类服务机构平台等。企业法人借助这些外部平台，能够高效地完成业务经营的记录、组织和管理任务。通常各个平台会广泛收集并处理用户的行为数据。目前面向消费者的互联网应用平台种类繁多，服务于企业法人的外部服务平台也呈现多元化态势，这种多样化的格局导致了数据分别沉淀在不同的线上服务平台。

　　数据的真正价值体现在收集、整理和分析后的数据中，这不仅能够揭示事物的本质特征、内在规律和发展趋势，还能转化为数字化的服务成果，为各类主体提供有力的决策支持。对数据的需求，既体现在对数字本身的统计价值和内容的追求上，也体现在对以资产形式存在的数字化产出物的渴求上。具体而言，首先，单个数字的历史重要性不容忽视，它们记录着过去的事件和成果，为我们了解历史、把握现状提供了重要依据；其次，时间轴上相连的数据能够体现出事物的发展趋势，帮助我们预测未来、制定战略；最后，不同维度的数据结合在一起，还能揭示出新的规律和模式，为我们打开新的认知视角。以资产形式存在的数字化产出物同样具有极高的价值，这些产出物包括各类创作成果，如设计稿、文字创作产出物等，它们是将数据转化为具体价值的重要载体。这些数字化形式的产出物不仅具有独特的艺术价值和文化内涵，还能够为企业或个人带来实际的经济效益和精神满足。

　　数据，作为主体信息的记录形式，自古以来便承载着丰富的历史与文化内涵。无论是史书中的帝王将相生平记载，还是传记中对重要历史事件的详细描述，抑或是对思想、文化、艺术繁荣的描述，都是数据的表现形式。这些记录所依托的载体，历经从甲骨、金石、简牍、缣帛到纸张的演变，反映了人类文明的不断发展，这些珍贵的历史记录为我们提供了宝贵的资料，帮助我们了解过去、认识现在、展望未来。

　　然而，由于记录成本高昂，古代的数据记录主要聚焦于重要历史人物和重大历史事件，因此呈现出碎片化、低频的特点，覆盖的人群主体也极为有限。这种记录方式不仅容易导致数据丢失，而且在处理上也存在诸多局限，无法支持批量处理。在数据演化的早期阶段，文字记录占据了主导地位，主要服务于记载历史文化和供人查阅的目的。商业个体通过手工账本的形式，详细记录着每一笔收支和盈利情况，这是当时数字形式记录的主要方式。同样，国家治理也离不开定期统计人口、经济、军事等相关数据，这些数据为管理和决策提供了重要依据。

这种手工的数据记录方式历经了数千年的岁月，直到计算机技术的出现，才发生了翻天覆地的变化。计算机技术的引入，使得低成本、易修改、大批量、结构化的记录与统计数据成为可能。如今，我们可以轻松地记录大量的个体行为，并根据需要随时调整，使得数据的批量化组织和处理变得异常便捷。此外，计算机技术还使得数据的便捷化存储、转移和复制成为现实。我们不再受限于烦琐的手工记录和有限的存储空间，而是能够随时随地对数据进行操作和管理。这种变革不仅提高了数据处理效率，更为我们提供了广阔的数据应用前景。

总的来说，从手工记录到计算机技术的引入，数据记录和处理方式发生了巨大的变革，这种变革不仅提高了数据的记录效率和准确性，更为我们提供了更多的数据应用可能性，推动了社会信息化的快速发展。

在这一过程中，人们开始广泛采用电子化方式组织社会管理、商贸往来和文化活动。例如，企业通过建立电子商务平台、财务管理系统等，将业务流程和风险管理手段全面融入系统功能之中，实现了业务的高效组织实施。如今人们也已经习惯通过线上平台参与工作和生活，特别是移动互联网的迅猛发展，使得一部智能手机就能轻松实现随时随地的工作参与和生活消费。回顾过去，各类活动通过线上平台组织起来，不仅方便了社会活动的组织，也使得更多的社会经济活动和社会行为轨迹被记录在线上服务平台之上。尽管借助信息化手段进行业务的高效组织是这些平台的基本目的和目标，但在这个过程中，数据作为电子化方式组织业务的记录，其价值和重要性日益凸显。数据不仅成为企业决策的重要依据，也逐步演变为巨大且持续增长的社会资源。通过深入挖掘和分析这些数据，我们能够更好地理解市场趋势、优化资源配置、提升决策效率，从而推动社会经济的持续发展。

二、数据的分类

数字社会和数字经济的蓬勃发展已历经二十余年，这期间，线上服务平台的分工日益精细化，涵盖了从政务登记管理服务系统到生产经营活动内部的管理、财务、供应链等各个业务体系，乃至个人衣、食、住、行的方方面面。根据不同的维度，可以将数据归为不同的类别。每种类别的数据都体现了其独特的特点，而同一数据也可以从不同角度和分类进行观察分析，发挥其不同的使用价值。随着技术的不断演进和数据活动的持续积累，每种类别中的数据数量都在不断增加，同时各类数据的相对比例也在发生变化。

（一）根据数据的产生主体，可分为政府数据、企业数据和个人数据

在以数据为核心生产要素的发展阶段，除了政府数据，全社会的生产经营活动数据即企业数据和个人数据显得尤为重要，这些数据构成了数据社会中最具活力和数量最多的资源，为新型生产关系的形成和社会经济的繁荣发展提供了强大动力。这三种类型的数据并非完全独立，而是存在交叉和关联。政府数据中包含了大量记录企业和个人身份及行为的信息，而面向消费者的企业在日常运营中也会产生大量的个人数据，同时，企业员工个人的工作经历中也体现了企业数据的影子，这些不同类型的数据之间存在较大的流动和共享需求，具体的共享形式取决于业务的需要和场景。此外，值得一提的是，政府、企业和个人拥有的物联网设备所产生的数据，也应归属于相应的设备主体所有。这些数据随着物联网技术的普及和应用，正逐渐成为数据社会中的重要组成部分，为各类业务活动提供了更加丰富的数据支撑。综上所述，政府、企业和个人产生的数据各自具有其独特价值和重要性，它们之间的交叉和共享为社会的发展和进步提供了强大的动力。

政府数据，指的是政府机构在履行其管理服务职能的过程中

产生或持有的数据，这些数据因其承载的公共服务属性而具备独特的地位。政府数据主要涵盖了企业、个人的基础信息，如身份、资质、成果等，尽管数据量相对较小，但其重要性却不容忽视。这些数据不仅是政府决策和公共服务的重要依据，更是社会治理的基石。具体来说，公共统计数据为政策制定提供了数据支撑，帮助政府制定更具针对性和实效性的政策；政策文件则详细记录了政策的走向和实施情况，有助于政府及社会各界了解政策的执行效果；行政审批记录则能够反映行政效率和管理水平，帮助政府优化行政流程，提升服务效率；而公共交通信息则有助于政府优化交通布局，提升公众出行效率。此外，政府所掌握的公共数据具有宏观的视角，能够全面反映整个区域的发展阶段和特点，这些数据的公开和合理使用，有助于社会各界更全面地了解区域发展状况，从而作出更明智的决策。

然而，过于精细的数据颗粒度可能暴露涉及公共安全的信息，甚至泄露个体的隐私。因此，在数据的公开和使用过程中，必须采取分级分类的策略，对其流动和使用实施严格的区别控制。这样做的目的是在保障公共安全和个体隐私的前提下，实现数据的合理流通和高效利用，确保数据的安全性和保密性得到切实维护。同时，也应当在不损害国家公共利益的前提下，积极将那些具有权威性和公信力的公共数据予以公开，并在数据市场中流通，供公众使用。这样的做法不仅能够激发数据的潜能，释放数据的红利，更能够提升数字经济发展的质量。这不仅是政府数据管理的重要目标，也是数据社会发展的重要方向。

企业数据，是指由企业产生或持有的数据资源。由于企业具备法人主体的身份，其信息化基础相对稳固，因此围绕企业生产经营的各类数据，如人力资源、财务信息等，呈现出丰富的多样性。这些数据包括销售数据、库存数据、财务数据以及客户信息等，它们在企业的日常运营和决策过程中扮演着举足轻重的角色。企业数据不仅助力企业在商业交易前筛选出合适的交易伙伴、明确交易细则，而且有助于实现库存的优化、柔性生产能力的提升以及供应链协同关系的深化，能够帮助企业显著提高供应链管理效率，进而增强整体竞争力。鉴于企业数据的重要性及其对企业运营的支撑作用，这些数据通常被视为企业的机密信息，仅供内部使用，以维护企业的商业利益。

个人数据，即由个人产生或持有的数据，通常与个体的身份和隐私紧密相连，因此具有高度的保密性，仅供个人使用或经授权后供他人使用。这些数据涵盖了个体生活的方方面面，包括衣、食、住、行、学、医等，形式多样且灵活，包括文字、图片、音频、视频等多种模态，线上、线下均有涉及，其特点是内容广泛且呈现碎片化的特征，不易于集中管理和利用。在面对海量且随时产生的个人数据时，个体往往缺乏足够的能力进行搜集、整理、使用和交易，这些复杂的数据管理任务通常需要专业的信息技术团队来支撑完成。因此，个人数据管理需要解决的基本问题包括如何实现数据的便捷搜集、安全交易以及有效管理，这不仅关乎个人隐私的保护，也影响着数据的有效利用和个体权益的维护。

（二）根据数据产生的特点，可分为身份特征数据、行为轨迹数据和成果数据

在评估数据的基本重要性时，虽然身份特征数据的总量相对较少，但它却是身份判断的基本且至关重要的依据，其他各类数据都需要与身份特征数据相关联，以确保数据的准确性和可靠性。从各类数据的比重来看，全社会的行为轨迹数据因其发生频率高、持续动态更新的特性，是占比最高的一类数据。这些交易数据充分反映了交易偏好、意愿和能力，是具有强烈流动需求的数据资源。相比之下，成果数据与普通信息存在显著差异，成果数据不仅需要完成确权，还需要进行知识产权保护，以确保其独特性和原创性得到充分尊重和保障，成果数据需要转移物理存储位置才能实现其价值。

身份特征数据是用于描述和确认个体身份的关键信息，与个人特征紧密相关，是线上、线下各类账户开立、注册的基础需求，也是核验身份和意愿的主要手段。这些数据可以源自个人主动提供，也可通过政府机构、金融机构、社交媒体等渠道获取。身份特征数据涵盖了国家发放的唯一身份信息、生物特征信息、金融身份信息、通信身份信息等。其中，生物特征信息和国家发放的唯一身份信息具有极高的稳定性，金融身份信息和通信身份

信息，由于业务开办时需要线下身份核验，因此常被用作其他身份验证的基准。因为这些数据涉及个人隐私，属于敏感范畴，一旦丢失可能导致身份冒用和财产损失等风险，所以对于持有个人身份特征数据的平台，必须严格限制其数据流动，并在必要时进行去个人标识化的"脱敏"处理。特别值得注意的是，生物特征如声纹、虹膜、面容、掌纹等，它们附着在个人身上，不因数据丢失而改变，具有强烈的不可再生性，一旦这类数据丢失，将给个人资产和隐私安全带来极大威胁，因此，加强身份特征数据的管理和保护至关重要。

行为轨迹数据主要分为线上活动轨迹数据和线下活动轨迹数据。线上活动轨迹数据主要基于用户账户体系，记录用户在平台上的登录、浏览等活动，例如浏览新闻的类目、频率及时长等。尽管这些数据本身并不构成个人的典型信息，但当它们与用户账户属性相结合，便能关联到个人的兴趣爱好、行为特点等，进而反映出用户的行为习惯和个体意志。在行为轨迹数据中，交易数据尤为重要，随着企业业务的线上化，越来越多的数据要素被连续记录，比如客户管理系统、企业资源计划系统中的数据，这类具有一定时间跨度的交易数据，对于外部交易对手判断企业的交易偏好、交易意愿和交易能力具有至关重要的作用，这是目前市场上需求较为强烈的数据资源。线下活动轨迹中的关键数据同样是交易数据，这些数据是社会主体基于意愿、合同或各类潜在约定，通过支付完成交易过程时潜在但又未被系统记录下来的数据要素。在信息化手段和工具尚未普及之前，由于人工记录的成本较高，早期的记录主要聚焦于收支情况，而其他交易要素往往只是被简单记录甚至被忽略。随着技术的不断进步和普及，线下活动轨迹数据的获取和记录变得更加准确和全面，为企业和个人提供了更多有价值的信息，通过对这些数据的分析和利用，可以更好地了解个人或群体的行为习惯、交易偏好等。

成果数据是以数字化形式展现主体在时间成本、资源投入等方面的最终产出，它能够有效衡量个体在特定领域或方向上的表现和成就。这类数据在交易方式上不同于其他数据，不仅内容需要共享使用，形式上所有权转移的实现也非常必要。个体创造的数字化劳动成果形式多样，包括但不限于音频、视频、摄影作品及文学作品等，这种类型的数据都需要按份数购买，具有排他性。成果数据在市场中的价值表现具有不确定性：一方面，某些稀缺数据如名家作品，因其数量有限而极具市场吸引力；另一方面，也存在一些成果数据因缺乏市场关注而难以回收创作成本。成果数据的价值及其大小并非主观臆断而来，而是由市场需求和供给共同决定的，要准确评估这些数据的价值，必须将其置于数据交易市场中进行验证。

（三）根据数据内容的产生方式，可以分为原生数据和衍生数据

各类主体行为轨迹直接产生并记录的数据称为原生数据，对原生数据进行加工处理所生成的数据则称为衍生数据。原生数据

作为数据的基础，其数量和质量对衍生数据的生成具有决定性的影响，然而，原生数据可能存在与数据需求在时间、空间上的不匹配问题，因此，大部分原生数据需要经过加工处理才能满足各种实际场景的需求。相对而言，衍生数据在使用广泛性上可能更胜一筹，因为它更贴近实际应用场景，更能满足多样化的数据需求。

原生数据是指未经任何形式加工、转换或处理的数据，它保持着原始的业务完整性和真实性。这类数据可来自多种渠道，包括但不限于纸质记录、线上服务平台、传感器及其他搜集工具，既可以是结构化的文本、数字等形式，也可以是非结构化的图像、声音等多种模态的信息。原生数据涉及两类主体：首先是数据行为主体，即产生数字行为轨迹的个体或组织，他们是数据的实际指向对象；其次是线上服务平台，作为记录数据行为轨迹的技术载体，是数据收集和管理的平台，这两类主体共同构成数据的生产者，缺一不可。

　　数据行为主体：也简称为数据主体，涵盖范围广泛，不仅涉及企业法人、自然人，还包括各类社会组织等独立个体形态，这些主体在社会活动、经济交往、文化创作等领域都留下了自己的行为轨迹。在数据社会，这些行为轨迹能够低成本地通过格式化的数据进行描述。先有数据行为主体的行为，随后才产生与之对应的数据，数据是对这些主体行为的反映和记录。

衍生数据是对原生数据通过算法加工、计算与聚合所生成的系统化、可读取且具有实际使用价值的数据。这些数据可以是对同一维度数据的统计加工结果，也可以是通过不同维度数据的组合、计算与挖掘所产生的增值数据，如客户的购物偏好数据、信用记录数据等。这些衍生数据是由原生数据基于实际业务场景的数据需求而产生的，有助于发现新的市场特征和机会，揭示那些传统逻辑认知难以察觉的业务规律和潜在风险，还可以直接或间接地帮助企业开辟新的市场领域，为制定产品市场销售战略和评估客户风险提供有力支持。因此，衍生数据不仅为制定业务决策提供数据支持，还促进了业务逻辑的深化和创新。

（四）根据数据的质量，可分为可信数据和普通数据

可信数据是实现高效、安全的数据利用的关键，从根本上说，数据是否可信直接决定了数据的价值和可用性，这也使得可信数据的需求日益凸显。然而，数据的可信性并非自然形成，而是依赖于可信基础设施的构建。从相对数量来看，当前普通数据占绝大多数，可信数据的比例相对较低。但随着可信基础设施的普及和完善，可信数据的比例将逐渐提高，普通数据的比例则会相应下降。在成本可控的前提下，未来将有越来越多的数据具备可信属性，并支持数据鉴真，从而为数据利用提供更加坚实和可靠的支撑。

可信数据：是指数据本身的真实性具备可验证的方式和能力，这种真实性的验证有两个维度——业务维度和技术维度。业务对手、线上服务平台等交易见证者都可以作为数据产生时真实性的证明人，确保数据业务维度的准确性。同时，广域网中的各个共识节点可以证明数据产生后、被可信网络固化时的数据原貌，从而在技术维度保障数据的完整性和一致性。可信数据是数据交换和共享的基础，也是安全、高效利用数据的关键。

个体行为因其真假难辨，无法做到对其即时且低成本的验证，这使得对应的数据无法完全达到可信的标准。由于数据在减少交易摩擦和降低交易成本方面发挥的作用受限于其可信度，因此数据的使用价值和流动性会受到严重影响。然而，如果交易发生前，交易对手能够有效证明历史交易数据的真实性，在交易完成后，交易关键内容的数据记录不被篡改，那么这样的数据就基本上具备了可信性。

反之，当数据的质量有限，其真伪难以判断或不易判断时，这类数据便被归类为普通数据。目前，市场上的数据仍以普通数据为主，但随着可信基础设施的普及与推广，越来越多的可信数据开始涌现。特别是在跨境数据流动场景中，可信数据因其易于在远距离位置进行可信验证的特点，展现出巨大的优势。数据质量的可信度越高，跨境流动时所面临的摩擦成本就越低，从而有助于国际贸易在数据流的推动下实现进一步的发展和繁荣。因此，可信数据在推动国际贸易增长和提升数据流动效率方面发挥着举足轻重的作用。

（五）根据数据产生的地点，可分为境内数据和境外数据

对于任何一个国家而言，其境内数据的占比往往远超过境外数据，这反映了数据产生的本土性特征。然而，随着数据跨境流动的不断推进，境外数据的比例将会逐步提升。境内数据，顾名思义，是指在一国境内生成、搜集、存储、处理、使用的数据。这些数据既包括境内主体，如本国企业、机构和个人在日常运营、工作和生活中产生的数据，也包括境外主体在境内活动时产生的数据。这些数据涵盖了多个方面，如国家之间的文化交流往来数据、企业之间的境内外贸易往来数据，以及个人在国内外工作、旅游、生活等方面的数据，这些数据不仅是一国社会发展的重要资源，也是推动跨国经济、文化和科技融合发展的重要因素。

跨境数据流转涉及多重复杂权益，涵盖数据安全、公共利益、个人信息保护、隐私权等多个方面，同时也与国家主权、产业发展等宏观议题紧密相关。随着数据隐私保护和利用日益受到各国的重视，各国及相关国际组织正积极达成双边及多边数据处置协议，旨在协调不同的法律界定和处置方式，并形成统一的协调机制。在这一机制下，既要充分尊重数据生产国的贡献和权属

机制，也要充分考虑数据主体所在国的法律条例，确保数据处理活动的规范性和合法性，以维护国家主权、安全和发展利益，同时，确保数据跨境流动的有序性，维护行为主体境内境外活动数据的一致性和完整性。

第二节
数据的内涵：属性与维度的深入探索

一、数据的主要属性

数据是社会主体行为的映射，它因主体而产生。数据的维度由技术水平和经济发展水平等因素决定，不同个体的数据集合能够反映社会发展阶段的特点，进一步延伸，这些数据还能够体现国家或地区的意识偏好和社会成员的行为特征，对政治安全至关重要。从数据的价值看，时间连续数据能够反映特定主体的行为特点和规律，有助于精准营销、客户画像和业务决策，从而具有显著的经济价值。从数据内容指向看，数据也具有隐私性，是企业商业机密和个人人格权的重要组成部分。从数据使用支撑技术看，整个数据的生产和流转过程都需要强大的技术支持。总体来说，数据具有显著的社会属性、经济属性、隐私属性和技术属性。

（一）社会属性

数据的社会属性体现在，某一国家或地区的数据数量、质量、生产及使用状况必然受到该区域经济水平、技术力量、文化发展、民族风俗等条件的影响，并对该区域的经济和社会发展的组织形态、法律法规、文艺创作等意识形态产生反作用，从而呈现出区别于其他国家或地区的"风格"。数据包含了人与人之间的相互关系、道德规范、法律制度等方面，反映了人类社会不同发展阶段的演进结构、组织方式和行为模式，也决定了数字社会的发展方向和未来趋势的变化。

（二）经济属性

经济属性是指经济成分内部的生产关系，主要是数据要素商品化及据此形成的新型生产关系，它可以进一步促进数据的共享和利用，提高数字社会资源配置市场化效率。产权关系独立化是平等交换的先决条件，只有拥有独立的市场主体，才能产生平等交换的经济关系，而市场主体独立性的体现就是拥有独立的财产所有权，数据作为生产要素也不例外。数据的生产、流通、分配、交换、消费等全部经济活动都应该通过市场来实现，以市场需求为导向进行等价交换。追求数据供给方利益最大化是数据市场保持活力的关键，在供给已经确定的情况下，需要从政府和市场的角度引导以增加数据流转次数，不断提高数据服务社会治理、经济活动完备决策的整体能力以及数据交易收入。在这一过程中，交易主体应当诚实劳动、合法经营，在谋求自身利益最大化的前提下，兼顾数据的合法来源以及他人隐私保护的需要。

> **完备决策**：是一种决策模式，它依赖于获取到全面且可信的关于交易对手、交易对象等的关键信息。通过充分利用历史数据的完备性来支撑决策过程，争取所有必要的信息一应俱全、相关证据充分有力。这种决策模式有助于提升决策效率和水平，使决策者能够在充分了解情况的基础上作出更加经济的、理性的选择。

（三）隐私属性

隐私属性是指自然人享有的个人活动领域与个人信息的秘密，在不侵犯国家信息安全的前提下依法受到保护，不应被他人非法侵扰、知悉、搜集、利用和公开。数据通常是基于某个个体的行为，在特定时间对不同维度的要素进行记录，是个体行为在数据集中的映射。同样，企业数据的商业隐私也需要得到保护，比如，企业的生产经营数据可能反映重要的采购信息和技术指标，是商业机密的重要组成部分，商业数据的泄露不仅会导致经济损失，还可能使企业面临倒闭的风险。

（四）技术属性

技术属性是指数据从产生、确权到共享、交互都离不开技术。数据的产生往往依赖于各种技术和工具，如各类线上服务平台、传感器、移动应用程序等，这些技术和工具通过不断地采集和记录数据，为我们提供了源源不断的数据资源。数据的确权需要随时记录大量碎片化数据的所有权，区块链技术可以通过分布式账本的方式，随时记录可信数据的所属主体，为数据确权提供低成本的有力技术支持。区块链共享账本和统一的标签体系可以保障数据共享的流畅性，人工智能技术可以满足复杂的数据加工处理需求等。

> **共享账本：** 是基于可信技术，各业务参与方及线上服务平台拥有一套共同的行为轨迹数据账本，它强调从业务的角度实现可信数据。尽管任何业务方都有机会修改向第三方展示的历史数据内容，但这种修改后的数据由于缺乏核验功能和可信品质，无法支持完备决策的需求。因此，在共享账本中，确保数据的真实性和可信度至关重要。

二、数据的维度

数据的价值在于流动和使用，没有需求的数据就没有价值。

从数据需求者或使用者的角度出发，可以从四个维度考量数据：数据的宽度、长度、密度和可信度。横向维度越丰富、纵向时序越长、密度越大、可信度越高，包含的信息质量越高，所能挖掘出的支持决策的内容也就越多，使用价值也就越高。然而，由于数据目前仍处于积累的初级阶段，从社会角度来看，整个数据的宽度、长度、密度和可信度是不断完善的，数据的维度将越来越契合数字社会和经济发展的需求，变得更加丰富、可信和易用。

（一）数据宽度

数据宽度指的是其横向覆盖的领域范围和应用场景。数据的宽度会随着行为主体的活动边界自然延伸，围绕一个行为主体的数据记录是完整且非割裂的。然而，在实际的经济运行中，数据的宽度受到不同应用服务商业务边界的限制，从而形成了各种数据孤岛。例如，某个线上服务平台为了开展业务，会记录用户历次消费的基本情况，如购买商户、购买物品、消费数量、支付款项、物流运输等信息，这些信息维度构成了该平台的数据宽度，并且这些信息很难与其他线上服务平台共享。在大多数应用场景中，主要是围绕个体进行交易等要素的选择，因此，关于这个个体的相关数据自然是越多越好。目前，线上服务平台数据的宽度决定了数据的应用潜力和价值，提高数据宽度就是提高数据在不同场景和平台之间的共享程度，进而更好地发挥数据的价值。

比如在医疗场景中，数据的宽度是由不同医疗机构的信息系统边界决定的。医疗数据不能实现有效的共享和流通，这不仅限制了医疗数据的应用潜力，也增加了重复检查和治疗的成本。要解决数据宽度的问题，可以在保护隐私的前提下实现数据的跨主体应用和共享，从而打破单个机构数据宽度的限制，实现数据的跨主体应用，推动不同医疗机构之间的数据共享和交换，从而更好地利用已有医疗数据进行疾病诊断和治疗。

> **数据共享**：是一种分享数据使用权的方式，数据存储位置在共享时不变，供给方只是授权其他方在本地访问使用和加工计算自身的数据，并可以随时查阅数据访问和使用情况。这种模式对于身份特征数据和行为数据尤为适用，原地共享能够在一定程度上更好保护数据的安全和隐私。数据流通是另一种分享数据使用权的方式，更侧重于数据存储位置物理移动和转移，在这一模式下，数据需求方把数据存到自己或其他信任的地方进行访问使用和加工计算，供给方不再掌握后续数据使用情况，这种模式对于成果数据更为合适，流转能够更好实现数据所有权的转移。在本书中，考虑到数据归人后个体数据使用权高频率交易带来的社会资源占用问题，因此更倾向于采用数据共享方式，但并未对数据共享与数据流通进行严格的区分。

（二）数据长度

数据长度主要是指数据积累的时间，也就是数据在纵向上覆盖的时间跨度。如果线上、线下的数据都能以多模态的方式便捷搜集，那么未来数据的长度或将等同于个体生命的长度。在实际场景中，由于线上服务平台的服务起止时间不同，同一主体使用不同平台开始积累数据的时间不同，而且不同主体开始使用同一平台的时间也存在差异，因此数据的长度并不一致；另外，线上数据的时间长度可以有记忆，而线下数据的长度只能接受断篇的现实。基于数据的长度，数据需求者可以通过用户在一定时间范围内重复性活动的数据，确定用户的行为特点，这些数据不仅可以用于精准营销、定向推荐和生活习惯预测，还可以与其他维度的数据结合，确定用户的新行为规律，如消费意愿、消费能力，或者反向观察某类商品消费者的稳定性。

例如，线上服务平台为开展业务记录了用户历次消费的基本情况。随着时间的推移，新老用户的数据长度有所不同，新注册用户的数据长度较短，可能只有几个月或几年的消费记录，而老用户的数据长度较长，可能包含了数十年甚至更久的消费历史。在数据使用中，对于数据长度较长的用户，可以分析其消费偏好、习惯和趋势，从而为他们提供更精准的个性化推荐和服务。然而，对于数据长度较短的新用户，由于缺乏足够的历史数据，可能无法为他们提供个性化服务，要解决这一问题，只能让个体尽早参与线上服务或启用多模态搜集更多线下数据来解决。

（三）数据密度

数据密度是在一定数据长度和宽度的基础上数据数量的体现。数据量越大，密度越大；反之，则越小。例如，在相同时间长度内，购买行为越频繁，数据密度越大；而在数据宽度和长度相同的情况下，数据越规整、缺失越少，密度越大。与数据的长度和宽度不同，数据密度可以持续增长。数据密度与数字经济的发达程度相互影响：数据密度越大，数据共享价值越高，对数字经济的支撑作用越强；数字经济越发达，数据密度也会越高。

例如，一家电商平台为了加强对客户的分析，在原有的购买商户、购买物品、消费数量、支付款项、物流运输等记录要素维度上，增加了物流送达时间选择倾向的记录。该平台可以利用这些数据提供更精准的服务，提升用户体验，从而提高用户交易频次，进一步增加原有维度的数据密度，形成正向循环。同时，该电商平台可以将这些数据与物流运输等合作伙伴共享，提高整个供应链的效率和准确性，降低成本，进一步实现更高的交易频次和平台忠诚度。

（四）数据可信度

数据可信度是衡量数据质量的关键指标，主要体现了数据的真实性、准确性和可靠性。如果数据缺乏可信度，即使数据的宽度、长度和密度再理想，也毫无意义，甚至可能导致数据使用者作出错误的判断。数据的可信度主要受到数据来源、采集方法、存储和处理方式等因素的影响，与数据的可验证性和可追溯性密切相关。最直接验证数据信息真实性的方法是业务当事人做证，确保数据与业务发生时各类主体经历的事实一致，不存在因人而异的情况；另一种鉴真方式是确认数据自记录以来没有被篡改，是在业务行为发生时那一时刻、那一地点的数据。

目前数据产业尚处于早期发展阶段，需要优先解决信息完整性问题，获取数据比评估数据质量更为重要。线上服务平台或其他汇集工具提供的数据，其真实性和不可篡改性由线上服务平台或工具平台的信誉保障。数据需求方看到这些平台的数据，会默认其基本真实准确，并在此基础上直接进行业务判断和交易决策，或者进行二次加工，并根据衍生数据作出业务决策。然而，随着数据产业的深入发展，对数据的数量和质量要求不断提高，可信数据因其可验证和可追溯的特性，逐渐成为更受欢迎和必要的选择。

第三节
数据的特质：主要特征的全面分析

如今数字社会不断发展，各种数字服务平台应运而生，包括政府、企业以及各类组织机构的内外部业务信息化管理系统，还有面向个人的各类数字消费服务平台等。这些平台借助数字技术实现了业务的组织，解决了线上对接、交易对手匹配、交易流程执行等问题，同时也完成了社会初始数据的积累，特别是移动互联网的发展，进一步加速了海量、高频、碎片化数据的沉淀。数据主体的多样性和层次的复杂性反映了行为轨迹的丰富性，通过数据分类和不同维度的分析，可以发现数据明显呈现出以下几个特点。

一、从数据数量上看，其对行为的记录仍有大量盲区

数据覆盖率可用于衡量数据对社会行为的覆盖或映射程度，行为数据化程度越高，数据对行为的过程、结果甚至外围要素的描述就越全面，信息损耗也越小。近年来，社会活动的数据覆盖率逐年上升，但由于各种原因，仍有一些数据盲区存在。

（一）行为映射到数据有损耗

在某些地区或特定群体中，数据搜集可能不全面，这会导致这些区域或群体的数据缺失，线下行为的数据覆盖率较低是数据损耗的主要原因。在部分地区和领域，受行为习惯、技术普及和数字意识等因素影响，除支付行为越来越数字化外，一些社会活动仍主要以线下方式进行。例如，居民在社区周边的各类便利店、菜市场进行的购物交易，交易物品、价格、数量等信息流可能会被截断

或遗失，对于商家来说，可能只能获得线上支付的结果明细，而购买主体和购买商品等维度数据会严重缺失，这类数据几乎没有流动价值和意义，仅能供商家自身记账和盘点使用。

虽然有些商家可以通过销售系统了解交易详细数据和收入，但也存在数据无法关联用户主体的问题。同样，对于消费者来说，在每次的线下消费中，如果不借助其他技术，除了纸质小票上记录的信息，相当于默认损失了这部分行为产生的可编辑、可计算的数据。由于商家不同，数据之间缺乏足够的关联性，会导致同一个主体的消费行为记录丢失或割裂，造成数据资源在横向和纵向上都严重孤立，不同来源的数据也没有得到有效整合，信息无法相互印证或综合分析。

（二）因公司业务退出带来的已形成数据的损耗

即使完成了从行为到数据的映射，也不一定能成为有效供给的数据资源。随着业务的逐渐细分，各行业、各领域不断涌现新的线上服务平台，同时，由于商业规律的客观作用和企业的具体经营策略变化，平台会出现合并、关停或倒闭的情况，线上服务平台的生命周期有始有终。当平台倒闭或停止提供服务时，相关的用户数据和交易数据可能会被封存或遗失，这导致数据的时间序列不完整，无法更好地反映平台用户行为的历史趋势或变化。

后续可能由于平台缺乏数据管理和保护意识，导致数据资源在平台退出业务经营后完全消失；也可能是平台为了保护敏感信息不被泄露而销毁数据，通过彻底删除或物理销毁存储介质来确保数据无法恢复；还可能是平台没有采取任何措施保护数据，将数据转移给新的业务方继续使用。除了最后一种情况，其他情况都会造成数据资源不可挽回的浪费和损失。因此，在某些行业或国家和地区，企业必须遵守特定的数据保留法规和要求，这意味着即使企业停止业务经营，其数据仍需要保留一段时间。

二、从数据形态上看，又长又散是其特点

（一）数据整体呈现"狭长带状"的特征

通过绘制数据图表，可以观察数据在不同类别或维度上随时间变化的分布情况。如果数据在时间维度上呈现明显的集中或倾斜，而宽度上又极度有限，那么就具有"狭长带状"的特点。因为各类线上服务平台具有各自的商业模式和业务逻辑，受业务领域和服务内容的影响，其数据记录的角度存在维度限制和差异。例如，商业司乘服务平台提供的是乘车路段、时间区间、价格、服务司机、车辆等出行信息，公交刷卡平台提供的是公共交通乘车区间、价格等信息，而网上购物消费平台记录的是购买物品、价格、数量等信息，所以横向数据的长度是有限的。各个线上服

务平台为了获取更多的经济价值和提高客户黏性，会尽力提高用户的使用频率，从而增加了用户时间维度上的数据量，因此数据的时间维度具有自然增长的特性。综上，用户数据的时间长度通常会大于行为数据的类别维度，以线上服务平台为主体组织的数据呈现"狭长带状"的特征。

（二）单个社会主体的数据呈现"点状散落"的特征

如果个人的主要行为以线上活动为主，他会选择衣、食、住、行等各类领域的线上服务平台，即使在同一领域，也会因为喜好、习惯、价格等因素在多个日常消费平台上开展业务。这样的选择会导致个人数据被零散地记录和存储在不同的平台上，而且没有任何一个平台能够汇集所有社会主体在各个线上服务平台上的数据。这就使得整个社会除了个人支付数据相对集中在金融机构外，平台的分散导致了数据的分散，个体实现完整数据融合的难度极大。

对于企业来说，即使在同一企业内部，不同的经营管理平台和业务管理平台也由不同的软件开发服务商提供，当某个系统需要更新或改版时，其他软件开发商的对接接口也需要相应调整，这些数据系统的打通和共享成本也很高。企业通过不同的外部业务协同平台和政府管理服务平台进行经营活动时也是如此。例如，不同的政府信息系统经常需要重复填报企业的各类基本信息，各个平台生成的企业资质或身份数据也比较零散。

三、从数据交易上看，数据共享困难

随着互联网产业的深入发展，数字技术与实体经济的融合加速，不同行业、区域、群体的内部业务系统数据基础逐渐建立，数据量日益庞大，有效缓解了信息不对称的问题，在金融信贷、市场营销等领域发挥了积极作用。然而，尽管数据资源的时间长度在不断增加，但横向维度的拓展却始终未能取得有效突破，任何平台都不希望自己积累的数据汇聚到其他平台，成为其他平台大数据积累和优势的来源，再加上数据"所见即所得"的特点使得社会层面的数据共享互用存在天然的利益障碍，这造成了社会数据资源的浪费。

此外，不同机构之间存在技术壁垒和数据共享障碍，需要提供便于沟通、高效、安全的数据共享平台和技术支持，以确保数据的请求、交换和存储能够低成本、顺利地进行，否则，数据的作用将始终停留在表面的精准营销和浅显的风险管理层次，其应用范围也将严重受限于数据服务平台本身及其周边合作生态。这会导致数据无法为各行为主体的完备决策提供支持，也无法为数字社会的建设和发展提供全面、深刻、可增量循环的发展助力，数字社会的发展将无法得到数实融合的有力支撑（见图 1-1）。

图 1-1　数据归人前数据的分布图

注 1：上图右下角为 L 码，它是基于区块链生成的所有权标识符，通过"AI 阅时刻"小程序支持相关信息真实性核验。L 码横列的"LVWEN"代表图片所有者，"20240701010"代表图片数字化所有权确权时间；纵列"1/1"表示本所有者持有份数占总份数的比例，"T4D3GF56H7JAK"表示区块链此次存证哈希映射的随机码。本书其他 L 码含义类似。

注 2：深浅不一蓝色块状区域表示属于不同线上服务平台的数据；深浅不一蓝色块状之间的缝隙区域属于线下行为活动遗失数据。

四、从数据质量上看，内容真假难辨

随着数字技术的进步，信息经过数字化处理后，通过网络能够传递给每一个有需求的人，与信息匮乏的时代相比，这在帮助人们了解新事物、获取新知识以及缓解信息不对称等方面起到了非常积极的作用。互联网解决了信息有无的问题，移动互联网则解决了信息随时随地可达的问题，这些都极大地改变了人们的工作和生活方式。例如，乘客可以随时找到附近的司机提供出行服务，通过精准定位便捷上车，下车自动免密完成付款，两个素不相识的人通过平台算法自动匹配完成了司乘服务。

然而，信息的数字化也将人类带入了前所未有的信息轰炸时代，各种信息纷至沓来。当信息时代发展到一定程度，信息过度细分、冗余，无效信息筛选成本过高，信息量超出了个人的处理能力，就会产生认知负荷，导致人们难以筛选出重要和相关的信息，无法迅速作出决策。尤其是无法验证信息的来源和可靠性，信息真假判断和决策成本过高，会带来一系列的交易和信任成本问题，人们甚至需要花费更多的决策时间和采用更复杂的风险防控机制来确保交易的顺利进行。例如，虚假广告会带来一些负面影响和伦理挑战，一旦发生诈骗，会导致信息传播范围更广、受害者更多、影响更大。在数字社会的下一阶段，信息的真实有效性成为对数据质量的迫切要求。

五、从数据保护上看，隐私信息容易暴露

互联网和移动互联网的普及，使得社会个体在参与业务时，其行为数据留在了线上服务平台上，这些数据包括但不限于主体的注册信息、身份验证、交易记录、金融信息、生物特征等，通过这

些信息可以判断个体的基本行为特征，甚至获取如消费能力、消费偏好、关联地址等隐私。数据记录的内容与个体的实际行为直接相关，例如，全球定位系统（Global Positioning System，简称GPS）的数据可以反映一个人的行踪，消费记录可以反映其购买习惯和消费水平，这些数据能够真实呈现个体的行为模式和偏好。然而，在用户不知情的情况下，线上服务平台可能会进行不规范的数据采集、处理、交易和转让，一些平台会利用大数据分析、人工智能等先进技术手段，对用户数据进行深度挖掘和分析。

但是，对于各个行为主体来说，他们不知道是否存在数据过度收集、个人隐私泄露的情况，也不清楚平台是否利用数据对个体进行画像和差别定价，他们不了解哪些数据正在被使用、被谁使用、如何被使用以及如何修正。当这些数据处理可能对个体造成伤害时，数据主体无法对数据的使用发表意见或提出反对，并且许多关于数据的重要决定都是在他们不知情或未参与的情况下作出的。数据转让的对象、价格、条件都没有经过数据主体的确认，数据主体也没有从自身的行为数据中获得任何相应的收益，这将影响公众对数字经济未来发展的信心。

目前，我们处于数字社会和数字经济发展的上半场，前期数字技术的发展完成了社会主体行为的数字化迁移和数据化记录，物理轨迹和数据轨迹的重合度越来越高，这提高了业务组织和运行效率，大大降低了社会管理和经济运行的成本，同时也积累了大量数据。这些数据开始应用于精准营销、风险定价、决策分析等场景，但这些数据整体呈现出分割、散落、流通堵塞、不可信、易暴露等特点，大大限制了数据的使用价值发挥，归根到底，这与数据市场结构存在的矛盾与问题相关。

第四节
数据的困境：市场基本矛盾与问题的剖析

数据市场主要涉及数据的供给方和需求方，通过供需匹配推动数据的共享，在其初步发展阶段，呈现出两个显著特点：一是数据市场呈现供方主导，即线上服务平台决定数据的供给数量、质量和效果；二是数据所指向和附属的行为主体并未参与数据市场，而是游离于市场之外。这导致了两个根本无法调和的矛盾：一方面，线上服务平台作为供给主体，提供的数据在维度，尤其是横向宽度上严重被割裂，与市场完整需求不匹配；另一方面，真正的数据行为主体在数据供求交易市场中被隐身，其数据收入无法实现，个体隐私也得不到充分保障。

一、数据供给端问题突出

目前市场上数据供给不足的缺陷尤为突出，而问题的关键在

于供给端的主体——线上服务平台，其纵向生命周期和横向业务
边界有限，导致数据的横向维度断裂、纵向边界受限。此外，线
上服务平台受商业利益制约，使数据无法根据需求自主、充分且
有效地流动，因此，供给端的现状给数据的顺畅流动造成了巨大
阻碍。

（一）数据供给方流动意愿不足

目前除了政府的公共数据，市场上数据的供给方主要是线上
服务平台的经营者，这些企业在经营线上服务平台和开展业务的
过程中，积累了大量的客户数据。然而，相关数据流动可能会暴
露企业商业隐私，比如整体客户信息和企业营收情况，从而损害
企业的根本利益。在当前的数据市场交易频率和格局下，与数据
流动形成的非常有限的收益预期相比，没有企业会同意让其他市
场主体看到自身经营信息和客户关键数据，特别是数据共享存在
同业竞争边界，这使得线上交易平台作为数据供给方本身对数据
的全面流动存在抵触情绪。

（二）数据供给能力有限

在大数据时代，数据供给的数量、质量和时效直接影响决策
的准确性和全面性。由于线上服务平台的经营周期和业务边界
特征，单个线上服务平台作为数据供给的基本单元，其数据呈
现"狭长带状"特点。另外考虑到数据拥有者担心隐私安全、数

据更新慢、数据质量差，如不准确、不完整或有大量白噪声，这些都会限制数据供给能力。数据供给不足将使数据规模受限，难以满足数据需求方的各种使用、分析需要，甚至误导用户作出错误决策。例如，某电商公司拥有包含用户购买行为、习惯、偏好等信息的大量消费数据，这些数据对其他企业具有重要商业价值，有助于其深入了解用户需求和市场趋势，进而制订更精准的营销策略和产品开发计划，但是出于对数据安全和隐私保护的考虑，以及数据安全交易机制缺失和法律法规限制等原因，这家电商公司不愿将用户购买数据提供给其他企业，这使得其他企业难以获取有价值的数据，从而影响其商业决策和市场竞争力。

二、真正的数据需求没有打开

数据的价值在于为各类合作方式和交易对手的选择提供支撑。当前，市场上的数据需求方主要是专门的数据业务运营公司或线上服务平台，它们对数据的需求特点是多主体、大批量，且对频率要求不高。目前，数据交易主要在平台之间或者机构之间，尚未渗透到千千万万微观个体社会经济行为的全过程。因此，数据当前发挥作用的空间和时间还远未充分体现其最大价值和意义。

（一）高频、明确的数据需求尚未形成

目前，数据流转不活跃，即便有限的数据流转，也主要是在机构之间。数据单次流转数量较大、价值较高，主要围绕客户获取、精准营销等目标。无论从数据供给内容、交易方式和价格、应用场景等来看，个体都不具备参与数据交易的条件和基础。如果数据需求对组织决策和业务运营至关重要，但在实际操作中却因数据供给不足导致需求被延迟甚至不能被满足，那么可以认为有效数据需求并未真正形成。另外，受传统决策路径的影响，数据潜在需求方尚未完全意识到数据的价值，缺乏发起数据请求的意愿或积极性。数据需求方对数据的使用目的、范围和具体要求不了解、不明确，再加上可能缺乏数据明确定义和描述的有效沟通机制，这会导致需求模糊带来数据共享和交换的混乱，阻碍数据需求信息的传递。

比如，某大型制造企业计划构建数据驱动的生产监控系统以提高生产效率和产品质量，但在项目执行中，企业发现数据需求未被真正激活，致使项目遭遇困境。首先，企业内部对数据需求的认识不足，导致数据需求的定义和描述模糊，各部门在生产数据的收集、分析和利用方面缺乏统一的认知和标准，造成数据混乱和重复。其次，数据质量欠佳也是问题之一，生产过程中产生的数据存在不准确、不完整和主观性较强的情况，导致数据分析结果不可靠，无法为企业决策提供有力支撑。此外，企业内部缺

乏有效的沟通机制，导致数据需求信息传递不畅，各部门之间协作和信息共享不足，使得数据需求无法得到充分讨论和整合。

（二）数据需求的内在可持续性机制需要建立

要稳定满足数据的各种场景化需求，就需要有明确的数据需求语言，在此基础上，还应综合考虑数据资源的可用性、数据质量的可靠性以及数据处理的复杂性等因素，以形成数据需求能够随时、零碎且低成本得到满足的稳定预期。如果数据需求仅限于某一特定场景或短期目标，或者大部分数据需求者对数据结果不满意，那么可以判定数据需求的内在可持续机制并未真正形成。数据需求通常具有随时随地、多维度、少量的特点，其交易规模和价值不一定高，但高频和可核验是其显著特征。如果随时随地的数据需求都能够方便、快捷、可信地得到满足，并且所需的资金、人力和时间等成本完全可控，那么通过有偿交易形态的市场化引导，数据供需双方各自就位，此时数据供需的内在自循环机制就建立了起来。

三、数据共享的生态尚未健全

（一）组织机构系统性缺位

某大型零售企业近年来在电商领域成绩斐然。为了进一步提高运营效率和客户满意度，公司决定进行数字化转型。然而，在数字化转型过程中，公司遭遇了数据流动受阻和组织机构缺失的问题，各部门如销售、市场、物流之间的数据共享也并不顺畅，例如，销售部门无法及时获取市场部门的数据，这导致销售策略的制定缺乏足够的市场信息支撑。如果一个企业内部都是这种情况，更别提在整个社会层面推动千千万万的个体实现数据流动和交易了。

数据既可以作为资源，也可以作为资产进行流动并产生收益。然而，外部环境的变化，如政策法规、技术进步和市场竞争等方面的变化，可能会使原有的数据确权和流动模式不再适用，因此需要重新规划和调整。如果数据流动的组织机构缺失，缺乏统一的数据供给标准和标签规范，就会导致数据在格式、质量、安全等方面的规范化和标准化存在差异，从而容易出现数据休眠和数据滥用这两种极端情况。由于缺乏统一的数据标签管理、分级分类授权使用规范，且管理标准不够完善，相当一部分可利用的数据资源可能会处于休眠状态。若组织机构的数据引流规范不明确或不健全，则数据流动可能会陷入混乱，甚至可能出现数据泄露、滥用等安全问题。同时，数据流动支撑技术的生态建设策略不完善或推进滞后，缺乏合作伙伴的支持和协同发展，也会导致数据共享的推广和应用受到限制。这不仅会影响数据的采集、供需对接和开放，还会增加数据使用者的成本和难度，从而阻碍数据价值的实现。这就需要明确的组织机构来引导，帮助政府相关部门、企业和个人进行主体、岗位、通用工具等方面的补充和调整，形成数据供需的内在循环动力，实现数据共享模式的可持续性。

（二）支撑数据共享的技术相对缺乏

数据的技术属性决定了数据共享的全生命周期都依赖技术。在交易前，数据采集、标签和归类等技术至关重要，这些技术不仅是线上数据参与数据共享的基础，也是线下数据归集的前提；交易时，有效的数据交易平台是支撑数据共享的关键技术，它影响了数据供给方和需求方之间的交易匹配和执行成本，不仅决定了双方在应用中能否快速、准确地提取和处理需求信息，还可以避免数据在共享过程中被第三方记录和不合理占有，从而保护数据所有者的利益；交易后，相关技术能够有效管理和监控数据共享路径，避免出现数据滥用、安全性差等问题。数据处理的技术能力是影响数据供需的关键因素，它不仅决定了数据供给的数量和质量，也决定了数据流转的可持续性以及推广的速度和深度。

四、数据主体隐私不能得到很好的保护

为保护数据安全，各国无论是在立法方面还是在监管实践方面，都在积极开展探索。例如，欧盟于 2016 年制定了《通用

数据保护条例》，我国也颁布了《中华人民共和国个人信息保护法》等，然而，数据泄露问题仍在不断发生。随着数字技术的进步和应用场景的不断深化，大量数据汇集后的处理方式和流动方式都发生了巨大变化，同时侵权形式也在改变，这给个人数据保护带来了极大的挑战。

（一）数据是一种不依赖其主体但又最体现主体特征的资源

从当前社会整体运行的实际状况来看，数据的整个物理产生过程、记录过程以及后续的流转过程，完全超出了数据主体的知情、控制和受益范围。尽管数据主体可能签署了各种个体隐私保护协议，但由于协议内容复杂，且各线上服务平台的要求相似，大多数个体实际上并不具备保护自身隐私的能力。然而，数据内容是数据主体行为的记录和反映，这些数据直接展示了商业信息或人格属性，具有明显的个体特征和指向，涉及数据主体的身份特征、行为特点和隐私信息，能够直接或间接地与具体个体相关联，进而识别出个体的身份、特征和行为模式，因此个人数据是一种亟须保护的数据类型。

（二）数据流动与隐私保护的悖论

无论在国内还是国外，人们都非常重视数据主体的作用和隐私保护的需求，然而，数据管理和流动的权利仍然主要掌握在线上服务平台手中。这是因为在现有技术条件和基础下，无论是个人还是小型企业都缺乏拥有和管理数据的能力和条件，只能被动委托线上服务平台进行管理。而线上服务平台无限利用和挖掘数据的动机始终存在，这与数据主体的隐私保护需求存在根本冲突。在线上服务平台掌握个体行为数据的情况下，数据保护实际上是一个伪命题。此外，受线上服务平台商业竞争需求的限制，有利于社会资源配置的数据流动和有利于行为主体的数据共享变得举步维艰，数据核心价值的发挥受到了极大的限制。

第五节
数据的崛起：作为生产要素的历史性登场

党的十八大以来，我国对数据要素的作用与价值给予了高度重视，明确将其定位为基础性资源和战略性资源，同时将其视为关键的生产要素。在"十四五"规划中，特别强调了打造数字经济新优势的重要性，强调需激活数据要素的潜能，并充分利用庞大的数据资源以及丰富的应用场景，以促进数据与实体经济的深度融合。随着全球数字技术和数字经济的迅猛发展，海量数据得以积累，各类主体的数字化意识和行为也初步形成，这标志着数字社会发展正迎来新的黄金起点。在这一背景下，我国将数据作为新型生产要素，将在未来发展中进一步实现数据要素的历史价值与时代意义。

从数据记录和应用的角度来看，可将人类交易形式发展划分为线下化、信息化、数据化三个阶段。首先，线下化阶段主要针对面对面的线下交易方式，手工记录对象仅限重大经济及金融交易等重要信息，主要载体为财务账本，数据量极为有限，其二次利用和流转的能力极为薄弱。随着信息技术的发展和业务生态的完善，人类交易内容与记录方式进入到了信息化阶段。在这一阶段，交易通过技术平台支持实现，数据记录得以规模化组织，数据统计、分析以及交易趋势的预测变得愈发容易，尽管数据记录和积累在信息化阶段仍是附属品，但数据的长度和宽度却实现了快速增加，覆盖范围达到最高水平。

当前社会正处于信息化向数据化过渡的关键阶段，数据化相对于信息化，有三个显著特点：数据权属明晰，线下交易行为的数据可以被轻松记录，个体间数据交易市场兴起。传统生产要素，如劳动、土地、资本等，在其产生、量化和交易的过程中，尽管各自具有独特性，但均呈现出一种相对独立且较为相似的模式：产权明确、数量清晰、市场主体和交易模式均有所界定，这些基本逻辑对于各生产要素大体一致。然而，数据作为新型生产要素，其展现出的特点和变化却与传统要素截然不同，为了更好地利用和驾驭这一重要资源，我们有必要对其进行深刻的认识和理解。

一、数据成为人类历史上最依赖技术的生产要素

数据作为生产要素，其特性决定了对技术的深度依赖。首先，数据的产生离不开信息化支撑的线上服务平台，这些平台通过技术手段进行数据的整理和呈现。在数据的搜集和存储阶段，多模态技术手段的运用使得我们能够获取到多样化的线上、线下原始数据，随后根据实际需求，对数据进行筛选、清洗、整合和标注，为数据进入共享和交易环节提供坚实基础。在数据所有权的登记确权阶段，区块链技术发挥了关键作用，它不仅能够低成本地完成确权工作，还能够加固信任机制，确保数据权属的清晰、可信及可追溯。

在数据授权流转、流通合规等环节，技术的作用也至关重要。为确保数据传输的安全性、稳定性和高效率，需利用加密技术、身份验证机制等手段，有效防范数据泄露和非法访问。同时，借助隐私保护技术，可防止数据滥用，确保用户隐私权得到充分保障。在数据的应用和价值实现阶段，技术的作用则主要体现在支撑多样化的应用场景和商业模式上，通过人工智能语言交互模型，我们可以平衡数据的技术属性，实现数据需求任务的自动拆解，并以自然语言形式反馈给数据需求方。这不仅降低了数据管理和使用的门槛，还实现了对数据的便捷、实时管控，提升了数据的使用效率和价值。没有先进的技术支持，数据不可能积累到海量规模，也无法具备成为生产要素的基础条件，更不可能

在广大市场交易的个体间充分流动起来。因此，在数据的整个生命周期中，技术始终发挥着不可或缺的作用，是推动数据价值实现的关键因素。

人工智能语言交互模型：来源于大型语言模型（Large Language Model，缩写LLM），但从数据管理应用实践来看未必是大规模参数的语言模型，它的主要任务是解决个体数据使用平权的问题。它的功能主要有自然语言的理解与生成，海量数据智能化处理，比如：将各种模态数据自动归属于各级标签、依据自然语言指令创建数据共享任务，便捷无缝衔接多种数据应用场景。在数据归人后，这类模型可以成为搜数、享数、问数的核心工具，实质上是构筑现代个体数据管理生态的关键智能组件。

二、数据的使用没有排他性

当一个物品被某一方占有，通常会影响到其他方的占有和使用，这是普遍的所有权认知。传统的生产要素，诸如土地、劳动和资本，都具有使用权的排他性，如果一方在使用某个特定生产要素时别人就不能使用。然而，数据作为以信息形式存在的生产要素，其特性显著不同。各方对数据的大部分需求实际上是对数据内容的需求，因此，获得数据内容的使用权即可满足需要，无须实际持有或存储数据本身，多方同时使用数据并不会导致数据像物质资源那样被消耗或减少，也不会影响到其他用户的利益，因此其使用并不具有排他性。

这一特性与开源软件有相似之处，当开源软件被开发并公开源代码后，任何人都可以下载、使用、修改和分发该软件，其他组织或个人可以在此基础上进行二次开发，以满足自身需求。在此过程中，原始的开源软件并未被消耗，反而得到了更广泛的应用和改进。类似地，在不涉及数据恶意画像和隐私泄露的前提下，数据被更多、更频繁地使用对数据所有者而言是有益的，这不仅有利于数据的衍生和创造，从而增加社会全量数据的供给，还会不断增加数据所有者的收入规模。

三、数据的数量无上限

劳动、土地等传统生产要素的供给规模，在经济发展过程中受到固有上限的制约，其供给无法无限扩张。然而，数据作为一种新型生产要素，其特性与传统要素截然不同。在社会主体数量恒定的背景下，社会行为通过多模态数据搜集技术得以映射至数据层，随着数字社会的深入发展，各种行为映射至数据层的频率和数量会持续上升。此外，物联网的普及使得传感器、智能终端等也在不断产生海量数据，与此同时，存量数据经过多维度的组合，能够创造出更多新的数据维度，从而产生丰富的衍生数据。这些因素共同推动了数据源的多样化，使得数据数量呈现爆炸式增长，因此，数据的积累是连续且自发的，不存在上限。

单个维度和某个时间片段的数据或许其经济价值有限，但随着数据的不断积累，其使用价值和使用频率均得到显著提升。更为关键的是，数据的边际效应显著强于其他生产要素，新增的数据不仅能够独立发挥作用，还能与原有数据进行时间和横截面的多种组合，从而揭示更长时间维度的规律或更丰富的横截面信息，这正是数据具备无限生命力的核心所在，也是其相较于传统生产要素的独特价值所在。

四、数据的价值在于共享

数据共享，即不同主体间对数据内容的互通互联和使用共享。这一过程的目的是实现数据的互补与整合，使得各方能够利用他人的数据资源，进而发现新的依据、规律、趋势和机会，从而创造更多价值。随着数字技术的飞速发展，数据要素的共享变得更为便捷，能够覆盖更广泛的范围。具体来说，企业可以通过数据共享，将其生产数据提供给供应链的上下游企业，共同优化存货管理、生产排期协作等方面的工作；政府则可以将公共数据开放给企业和个人，为各方的机会寻找、资历证明和行为决策提供支持。

以沃尔玛为例，作为全球最大的零售商之一，它通过建立与供应商之间的数据共享机制，实现了供应链的优化。通过实时共享销售、库存和客户需求等信息，供应商能够更精准地安排生产和供货计划，预测沃尔玛的需求，提前组织生产和备货，避免了缺货或积压的情况。这不仅提高了供应链管理效率，也优化了沃尔玛的销售和库存管理，强化了双方的合作关系，降低了沟通和交易成本，实现了各方共赢。

数据要素的使用方式和约束条件与传统生产要素存在显著差异，劳动和土地受限于物理特性和空间因素，其流动性和交易难度相对较大，资本的流动性则依赖于资信状况和收益率。相比之下，数据可以在不同场景下重复利用和创新开发，其价值并不在于持有多少，而在于共享使用中所创造的价值，如果数据不进行流通共享，那么它就仅仅是一堆数字符号，没有任何实际价值。数据共享的次数、共享中衍生的数据数量以及对数据需求方决策支持的力度，都是决定数据价值的关键因素。共享次数越多，需求方越多，数据产生的价值就越高；同一组数据对需求方的经济决策价值越大，数据需求方愿意支付的价格也越高，也就进一步提升了数据的价值；同一组数据可以产生更多的衍生数据，这些衍生数据的共享需求也进一步推动数据价值的提升。

五、数据共享是财产收益权的增加但更涉及个人隐私

劳动、资本、土地等传统生产要素都具有唯一性和显著的价值属性，由于它们的物理形态限制和受国家产权机制保护，确

保了所有权的独立性以及防范恶意侵占，因此，这些生产要素的每一次转移都意味着财产所有权的变更。相比之下，数据的共享使用则呈现出不同的特性，比如，通过企业数据共享，可以实现销售数据、库存数据以及用户需求的精准预测和分析，从而优化库存管理，强化供应链协同，在这里，数据的实际价值体现在降低库存成本和缺货风险等方面，这种共享并非需要财产所有权的转移，而是利用数据内容进行分析、使用，促进原有财产收益权的增加。

然而，值得注意的是，数据共享不仅涉及信息的传递和使用权的开放，更可能涉及个体隐私信息的泄露，给数据主体带来财产损失和生活困扰。因此，推动数据流转的过程，我们不能简单地将其等同于财产权的转移，相反，我们必须从法律和技术层面出发，妥善解决隐私保护问题，确保数据共享主体在合法、安全的前提下实现整体财产收益权的增加。

六、数据与其他生产要素可以进行深度融合

在工业经济时代之前，土地和劳动这两类基础生产要素各自独立地发挥作用。然而，随着财富的积累和资本的集聚，资本作为一种新的生产要素逐渐崭露头角，与劳动和土地共同构成了生产要素体系。此时，各要素之间的组合逻辑也悄然发生了变化，资本开始展现出对其他要素的叠加和配置作用。土地、劳动和资本作为生产要素，既各自独立地发挥作用，又相互交织，共同构

成了综合生产要素的力量。当数据成为新的生产要素时，它不仅重构了其他生产要素的组织形式，还深刻地融入到这些要素之中，各种生产要素之间的融合展现出前所未有的深度和广度，形成了全新的模式和范式。

将要素所有者、持有情况、价格等信息数据化、标签化，通过数据共享，可推动劳动、资本、土地等要素的确权、定价、交易和分配。其他生产要素的数据映射能够反映出要素的存在与否、数量多少以及变化趋势，使得各要素在生产过程中能够相互配合、协同工作，实现要素投入最少化、组合最优化和风险最低化，从而提高生产要素的合理化配置效率。此外，将实际业务经营产生的数据精准导入金融服务，可实现以数据共享助力产融结合。

七、目前数据不是可以平权使用的生产要素

生产要素作为社会生产经营活动所必需的各种社会资源，是国民经济运行及生产经营过程的核心支撑，在市场经济体制下，即使不同的社会主体在这些生产要素禀赋上有所差异，但获取和使用这些生产要素的能力具有基本平等的权利，每个人都站在同一起跑线上。然而，数据要素作为一种新技术支撑的社会行为产物，却呈现出与众不同的特点。土地、劳动和资本等生产要素，只要具备社会主体基本的认知能力和水平，绝大部分个体具备使

用这种生产要素的技能，便不再额外需要借助其他工具和条件。而数据具有零散、海量、持续产生的特点，即便把蕴含大量信息的数据推送到个体面前，不借助专业的数据处理技能和工具，大部分中小型企业或者劳动者对于数据要素既无实际掌控权也无使用能力，其潜在的价值也未能转化为收入来源，这就会导致那些率先掌握数据技术的人拥有更多优势，同时也让那些无法接触到技术的人失去竞争力，这与土地、劳动和资本等传统生产要素使用上的平权性形成了鲜明对比，这些生产要素的拥有者起码不会因为使用能力的障碍进而成为其获得相应要素收入的门槛。

数据的生命力在于其持续共享的特性，通过不同数据的相互融合以及与实体经济的深度融合，数据要素能够每时每刻地渗透到经济活动的各个环节。然而，当前在数据要素的开发和利用过程中，我们面临着诸多挑战。例如，对数据要素潜能的基本规律认识不足，数据资源合规高效共享的基础设施尚不完善，数据赋能实体经济的路径尚不清晰，以及数据未能转化为数据主体的收入等问题。因此，我们必须加快破除长期以来阻碍数据要素发展的观念、机构、制度和技术障碍，重点应放在数据管理和使用的平权制度建设和技术准备上，以促进数据的平稳、安全、高效和顺畅使用，推动经济社会的数据化转型升级和高质量发展。

第二章 数据归人：
成为生产要素的必然之路

　　数据因其与行为主体的紧密关联及通过共享来彰显价值的本质特性，强调了归属明确对于充分发挥其作为新兴生产要素基础功能的重要性。当数据权属清晰，不仅能激活经济活动，还能为其他生产要素注入动力，直接促进民生改善、提升社会治理效能，并在国际层面上产生深远影响。数据成为生产要素的进程完全是技术驱动的，人工智能、大数据与区块链等数字技术的发展起到了核心支撑作用，它们不仅增强了数据的可搜索性、可管理性，还促进了数据共享的公平性，确保每个人都能平等地享有数据资源带来的权益与机遇。

第一节
数据产权的争议：多维度视角的审视

生产要素所有权的确立因其类型差异而呈现不同的确认机制。劳动作为一种特殊的生产要素，其所有权与劳动主体不可分割，因为劳动本质上依附于个体，这种自然的依附关系确保了劳动与主体之间的恒定一致性，无须额外的法律手续来证明。然而，对于土地、资本等非人力生产要素，所有权的确认则依赖于明确的法律程序和官方记录系统。具体而言，这些生产要素的所有权通常通过相关政府或授权机构进行注册登记，并可能伴随所有权证书的颁发，以法定形式固化其归属。此类登记或证书会详尽记载生产要素的各项属性，诸如所有者的身份信息、资产的具体规模或额度（如土地面积或资本金额）、市场估值以及独一无二的识别编号等核心数据。正是这些标准化且具有法律效力的标记和标识，构成了界定和追踪生产要素所有权的基础，从而确保了所有权关系在经济活动中的清晰和可追溯。

关于数据所有权的讨论涵盖多个关联主体，主要包括数据主体、数据生产者、数据使用者以及数据监管机构。首先，数据主体是数据的核心源头，通常指的是自然人、企业法人或其他实体，它们是数据内容直接反映或关联的对象。在物联网情境下，物联网设备归属于个人或企业，由此产生的数据其主体身份也对应着这些设备的所有者。其次，数据生产者则是通过信息技术手段实际生成并初步处理数据的角色，他们不仅负责数据的采集、组织、初步处理、分析和长期存储，而且在现行技术条件下，往往还扮演着管理和控制数据访问及使用的角色，这部分主体通过各种信息技术基础设施创造原始数据资产。再次，数据使用者涵盖了那些基于数据进行工作或运营决策的个人或组织，包括但不限于数据分析师、业务决策者以及软件开发团队，他们在利用数据资源的基础上洞察市场趋势、制定战略或研发新产品与服务，从而在使用过程中实际占有并利用数据。最后，数据监管机构作为权威部门，肩负着监督和管理数据使用与处理过程的重任，这类机构负责制定并实施相关法律法规，旨在确保数据处理活动的合法合规，有效保护个人隐私及信息安全，并对数据跨境流动等活动实行严格管控。从数据生命周期的各个环节出发，数据的产生与存在既依托于数据主体的各项行为活动，又离不开企业和各类信息化平台的技术支持与运维，也离不开政府的制度、政策制定与协调。

第一个观点，数据应该属于行为主体。个体数据所有权是一个综合概念，它体现了个人对其生成或拥有的数据享有排他性的控制权，具体涵盖占有权、使用权、收益权以及处分权四项基本权利，数据归属于行为个体意味着个人有权决定数据如何被获取、存储、利用以及转让等。个体数据隐私权则是个人对其数据的自主控制权和安全保障权的体现，它涉及数据收集、处理、使用、传播等全过程的控制权限。俄罗斯、日本等国已经通过制定专门的法律法规，确立了用户对其个人数据的所有权，从而强化数据隐私保护和个人权益的法律地位。在这些法律框架内，个人数据被视为重要的隐私权或人格权的具体表现形式。以欧盟《通用数据保护条例》为例，该法规明确界定了个人对其数据享有的全面权利，不仅包括访问、修正、擦除等基本权利，还延伸到数据可携带和传输等方面。然而，要实际行使个体数据所有权，技术和管理能力的支持至关重要，若个人或中小微企业缺乏有效管理和保护数据的技术手段，即使法律规定数据所有权归属于个人，但在实际操作层面上，这种所有权的有效性和可行性仍面临挑战。

另外一种观点，数据的所有权应当归属于那些投入了必要资源进行数据搜集、加工、分析及使用的实体，如各大互联网平台。这一立场建立在如下的逻辑基础上：数据从无到有，经历了从生成到存储的全过程，而这一过程离不开数据生产者的人力、财力和物力投入，以及专门构建的技术设施和高效的数据管理体系，这也是目前数据采集和管理最为高效和低成本的方式，因此，在许多国家中，此类实体自然被视为数据的合法所有者。举例来说，美国对个人数据的保护措施相对宽松，这导致互联网平台在合法范围内收集的数据通常被认定为归其所有，企业有权对其收集和持有的数据行使相应的所有权权利。

还有一种观点主张数据主体与数据生产者应当共同享有数据的所有权。这一共享所有权的理念认为，数据实际上是用户行为产出与数据采集者记录能力相结合的产物。换言之，数据主体通过其日常行为产生了可供记录的数据内容，而数据生产者则提供了必要的技术和基础设施去捕获、保存和处理这些数据。鉴于双方在此过程中的共同参与，此种观点呼吁双方共同承担数据的权利与责任，并共享由此产生的利益。实践中，这种数据共有理念在若干国家和地区已得到不同程度的认可和支持。以新西兰为例，其《数字经济法案》便引入了一套关于数据共享的架构和机制，旨在倡导并实施数据的公平和有效共享。然而，对于共享管理中各方具体贡献如何界定，以及收益分配的具体原则与方法，仍是未来立法和实践中亟待澄清和细化的关键问题。

另一种观点认为数据应当归属于国家，这一主张主要基于两大核心论点。首先，数据作为一种新型的关键生产要素，其地位堪比传统的石油、煤炭、天然气等资源，它既是确保企业公平竞争环境和推动社会经济发展不可或缺的基础元素，同时也涵盖了个人隐私等敏感领域，体现出一定的公共物品特性。鉴于此，国家作为公共利益的代表，若掌控数据所有权，便可以围绕公共数据的安全性和合理性制定策略，负责对数据资源进行有目的、有序的开发和利用，进而遵循"取之于民，用之于民"的原则，公正地在各利益主体间分配由此产生的经济效益。其次，数据安全问题触及国家的核心利益和国家安全层面。尤其是由大量个人数据汇聚而成的大数据资源，包含了诸如国民健康状况、消费习惯、文化取向以及地理位置等高度敏感信息，这些信息对于国家安全具有重要意义，已成为全球各国博弈的对象。因此，数据主权被视为国家主权不可分割的部分，只有当数据归国家所有时，才能从捍卫国家主权安全的战略高度出发，有效防御外部侵害，防止不合规的跨境数据流动过程中潜在的国家安全风险。然而，这种国家数据所有权模式并非没有挑战，国家将承担起更为繁重的数据管理和运营责任，并且数据流动的内在驱动力可能会因规制而受限，同时，数据对决策的灵活支持及其所带来的便捷性也可能因此在某种程度上减弱。

综上，数据的权属争论集中在数据主体和数据生产者这两类主体之间，二者都对数据的产生具有绝对重要的影响。在数字技术尤其是人工智能语言交互模型、区块链快速发展的今天，数据应该归属于数据主体还是数据生产者，取决于哪种归属权更有利于解决现有数据市场的矛盾并释放数据的市场价值。

第二节
数据归人的呼唤：必要性的全面阐释

数据作为一种全新的生产要素，是在文明演进过程中继劳动、土地、资本等之后崭露头角的革新力量，它在现代经济体系中发挥着关键作用，不仅通过优化生产资源配置提升经济效益，还进一步塑造出新型的生产关系架构。传统生产要素如劳动、土地和资本，其产权归属通常明晰且归特定主体所有。相比之下，数据要素虽然源于数据生产者的系统化记录与组织活动，但其产生的本质在于数据主体——尤其是互联网用户各种在线行为所产生的信息流。用户在日常使用互联网服务时不断产出了丰富的数据资源，涵盖了个人信息、行为轨迹、交易记录等多个维度，且每位用户的数据具有独特性和不可复制性。

当前，数据生产者的供给活动深刻塑造了数据市场的内在结构，涵盖了需求类型、参与者构成、交易模式及交易活跃度等多个层面。然而，现实情况表明，现有的数据市场格局在打破数据供应链条的纵向分割壁垒以及整合横跨不同线上服务平台的数据资源方面显得乏力。这直接导致了数据市场难以迅速满足对多元时间序列和多维度数据的复杂需求，进而影响到市场供求的均衡，阻碍大数据价值的充分挖掘和应用潜力的全面发挥。总结上述观察，数据市场面临的核心挑战可归纳为两点：首先是如何突破数据纵横整合的瓶颈，确保数据维度的完整性；其次是在促进数据自由流动的同时，妥善解决数据主体隐私权保护问题，而这两大矛盾的根本症结在于数据所有权错位，数据生产者从自身根本利益出发会天然阻碍数据共享和隐私保护的实现。

数据生产者的主要目的并非组织数据生产，而是开展和运营各领域的线上业务，其只是顺便提供了低成本管理和使用数据的方法。若某一数据生产者无法提供平台服务，在市场化竞争的影响下，其他同类线上服务平台为了市场份额将会提供业务组织和数据生产，或者数据行为主体自行通过线下方式和第三方平台完成交易活动和交易要素的数据化记录。如果依据数据生产的紧密性来确定数据要素的所有者，那么根据前面的分析，线上服务平台无论是从主观目的还是客观根本利益的局限性来看，都难以成为数据的所有者，数据市场的核心矛盾将无法解决。

从各国的实践来看，欧盟议会于 2016 年 4 月通过了《通用数据保护条例》，并于 2018 年 5 月 25 日正式实施。然而，该条例仅明确了个人对其数据享有查阅复制权和可携带权，数据的归属和流动机制仍未理顺。与数据关系最密切的行为主体几乎没有参与到数据的管理和共享中，数据交易将难以活跃。个体是数据产生和持续增多的基础，没有个体的社会行为轨迹，即使有再多的线上服务平台和技术支持，也不会有数据产生，所以数据产生对行为主体具有根本依赖。

基于此，数据归属于它本身产生所依附的主体和内容涉及的对象，即实现数据归人，这会不会是一个更好的选择？从数据主体的视角出发，在技术可行的前提下，所有关于自身行为轨迹的数据本来就应该实现汇集、自己的隐私也需要受到保护，这是数据主体天然的内在诉求，这一根本需要正好可以与数据市场面临的核心挑战不谋而合。而技术的快速发展和组合应用，也可以有效地支持数据归人，解决长时间数据所有权错位引致的数据市场根本发展矛盾。

只有通过数据归人，数据才有完整归集的可能、充分流动的积极性和隐私保护的可行性，进而才能承担起作为社会生产要素的使命，并与其他要素在所有主体层面完成融合与催化。

这是数据要素市场化配置的前提，也是充分发挥数据要素对经济和社会活动的赋能作用及经济价值的基础。同时，这也是数字经济发展到一定阶段，促进全体人民共享数据发展红利的基本要求。

这需要我们抓住新一轮科技革命和产业革命的机遇，将数据要素作为深化发展的核心引擎，跳出原有数据与系统绑定的限制，通过将数据主体作为枢纽来实现数据的汇集和红利的释放。

> **数据归人**：这里的"人"是泛指，涵盖了企业法人、自然人以及其他各类数据行为主体。数据归人，是指对现有数据存在状态进行一次重新划分所有权的活动，其核心目标有两个：第一，完成数据所有权的重新界定——数据归属于产生它的行为主体；第二，完成数据归人的动作，将线上、线下的数据统一回归到数据行为主体所有和管理。数据归人不是目的，数据归属到个体后，可通过价格机制进行市场供需调节，从而建立个人之间、企业之间及个人与企业之间数据频繁、高效的共享和使用渠道，能够更好地支持个体行为的决策优化。完成存量数据归人后，以后的数据一经产生，即归属于相应的行为主体所有，个体间的数据交易将成为数据社会的基本特征，这一变革将为数据社会的构建奠定坚实基础。

一、数据归人后，数据可能实现更大规模、更深层次的汇集

经过互联网多年的发展，各大线上服务平台、银行、通信公司、公共事业机构等拥有的海量数据信息蕴藏着巨大的经济价值。数据是个体行为的产物，个体与线上平台和线下数据之间有着天然的附属关系，通过有步骤地实现数据归人，把散落在各个平台的数据、遗失的数据都汇集到个体手中，这些碎片化、割裂存在的数据，可以得到新

的整合和充分利用，有助于数据彻底跨越横截面分割的障碍，完整映射和全面刻画个体的社会、经济、文化活动（见图 2-1）。

图 2-1　数据归人后数据的分布图

注：四角保留的蓝色块状区域为涉及国家安全类型的数据，不参与数据归人；自然人头像表示不同互联网服务平台及线下遗失数据归属到个人；房子头像表示不同互联网服务平台及线下遗失数据归属到企业法人。

　　将数据从各个线上服务平台归集到数据所属的个体手中，也就是让数据作为要素"分散回归"到数据主体手中。在此过程中，数据由"整"变"散"，通过数据个体实现不同平台的全量数据聚集，改变了数据原来虽"整"但因无法共享而"少"的情况，实现了最大程度的虽"散"但"多"的汇集，从而解决了数据在不同平台上天然割裂、不愿共享的基本矛盾。如果个体数据是完整的，那么从整个社会的角度来看，不同个体之间的数据可以根据需求进行更大范围或更宽领域的汇集，有助于更低成本地开展社会活动，有利于在更大程度上释放数据红利。

二、数据归人后，才能切实保护个体隐私

在各线上服务平台进行数据交易和使用时，受经济利益的驱动，平台会将数据交易可获得的经济收益作为优先考虑的因素，而数据主体的利益则没有得到充分或基本的关注。数据内容所指向的个体并没有参与到数据交易的决策过程中，信息交易的对象、频次、脱敏程度等关键要素完全超出了数据主体的掌握和控制范围，这导致信息隐私无法得到有效保护，个人信息安全风险较大。例如，数据灰色交易、个人隐私泄露、大数据杀熟等数据操控行为屡见不鲜，直接影响了数据经济的健康发展。

> **数据经济**：数据经济主要聚焦于数据本身的供需交易以及数据与实体产业之间的相互支撑作用。数据经济不同于重视技术创新和现代信息网络利用的数字经济，它更加注重数据的价值化和数据要素的战略重要性。与数据经济相对应的实体经济，涵盖了所有能够产生数据的经济行为，这既包括传统的物质生产和服务部门，也涵盖了精神产品生产和服务部门；既包括实体生产和组织形式，也包括线上服务平台的生产运营。数据经济与实体经济的关系密切而复杂，数据支撑经济决策，经济行为复又生数，形成循环互促之势。

当数据回归到数据主体时，由于数据指向的内容涉及个体行为属性，所以没有人会比行为主体更关心自身数据的存储安全、交易安全、内容安全和隐私利益。在遵守国家相关法律法规的前提下，数据个体可以根据自身的隐私保护需求和对经济收益的考量，来决定是否交易、交易对象、交易时间、脱敏级别等隐私保护要素，只有这样，隐私保护的重要性才可能高于经济收益，从而实现个体数据安全。

三、数据归人后，数据才能渗透到经济活动的"毛细血管"中

任何生产要素，只有归属于个体，能够自由交易，并匹配到所有有需求的地方，才会真正具有生产要素的活力和价值，数据要素也是如此。数据主体不仅是数据产生的行为主体，还是最大、最活跃的数据需求主体。在社会经济活动的前、中、后各个阶段，数据主体为了降低交易成本和控制交易风险，随时都需要各类可信数据，以便作出有利于交易对象、交易价格、交易地点、交易方式等要素的选择。在数据归人之前，数据供给远远无法支撑个体对数据的多样化、个性化的需求。

比如，在交易前，各类商品的供给方即数据的供给方，可以提供自己过往的各种可信交易记录和优质评价证明；商品的需求方也就是数据的需求方，可以点对点地请求和验证历史交易记录，为后续交易磋商和谈判提供基础。在交易磋商环节，数据的

作用主要体现在确定交易的具体细节上，供需双方需要根据交易对象进行协商，确定交易的价格、支付方式、物流等关键要素，历史数据在这个环节是商业条款制定的基础和依据，而在交易结束后，数据的作用主要体现在交易的售后服务和纠纷处理，本次交易活动也将形成可为后续交易提供可信支持的新数据。

有效对接贸易供需关系需要数据的活跃流转，这也打通了数据进入产业运行和实体经济的通道。数据就像毛细血管一样，渗透到所有社会、经济、文化等行为活动中，便捷地支撑着交易对象优化、成本降低、风险控制等过程，数据将逐渐成为社会活动的基本条件和要素，同时社会活动也在不断产生新的数据要素。数据归人改变了数据供给市场的格局，也激活了商品需求市场，供需双方参与交易的热情被充分激发，为数据的持续活跃交易奠定了扎实的基础。

四、数据归人后，数据才能成为个人财富的来源

劳动、土地、资本等传统生产要素的出现，分别支撑了劳动力导向型的奴隶社会、土地导向型的封建社会、资本导向型的资本主义社会的产生、发展和更迭，数据作为新的生产要素登上历史舞台，也必将对人类社会发展产生深远影响。数据被确定为生产要素后，意味着它将面临生产要素分配，而生产要素的分配涉及财富分配和传承，关系到社会公平与效率，并对社会生产力的发展产生反

作用。因此，关于数据要素产权、共享机制、收益分配等的制度设计，将对未来社会生产力的提高、生产关系的演变、社会财富的分配等产生重要影响，它将给这个时代带来重要的创新与变革。

当个人分散的网页浏览历史、社交媒体使用习惯以及银行卡消费记录等信息汇集到数据主体手中后，企业可以付费查看和收集用户的个人信息，并将这些信息的分析结果用于筛选交易对手、确定交易方式等，这样一来，企业可以直接、全面地了解用户，同时数据主体也能够获得收入。对于所有社会成员来说，数据收入与他们前期行为积累和收集的数据有关，但随着社会数据基础设施的建设和完善，个体能够越来越平等地拥有个人数据资源。只要主体进行日常行为活动，即使是老、弱、病、残等特殊群体，也都能够产生数据、形成资产和数据收入，这在一定程度上能够增加弱势群体的收入，有助于实现共同富裕，而且这些数据一旦产生，就可以被多次共享和交易，从而持续产生收入。数据归人，让数据主体主动参与到丰富的数据共享和交易过程中，数据将成为个体收入的重要来源之一。

五、数据归人，让数据存储实现社会统一管理

数据归人后，数据安全存储的问题会愈发凸显。一方面，个体可能不具备安全存储数据的能力，或者安全存储的成本较高；另一方面，由于千千万万的个体分散持有几乎涵盖所有社会主体

的数据信息，国家层面的数据安全需要得到重视。另外，数据的价值不在于拥有和存储，而在于数据内容使用权的共享，因此，数据的相对统一存储是最理想的方式，它不仅安全，还节省资源，解决了社会层面资源集约、高效使用的问题。

要实现数据的高效与合规统一管理，首先须制定并执行全面的数据存储管理策略，以保证数据存储的有效性、合规性及安全性。这一策略的基础在于构建统一的数据存储标准体系，涵盖数据格式的规定、数据命名规范、编码规则等一系列技术标准，这些标准旨在确保跨不同存储空间数据的一致性和兼容性。其次，对数据进行细致的分类与标签标注处理是有序组织与管理数据的关键步骤，通过对各类数据赋予适当的标签，能够提升数据检索效率，便于针对不同类别数据进行精准管控。同时，建立完备的数据备份与恢复机制是维持数据安全性和高可用性的必要条件，防止数据丢失或损坏。此外，强化数据保护措施必不可少，包括但不限于对敏感数据进行加密存储，以及部署严格的访问控制机制和安全审计程序，确保任何对数据的操作均需获得合法授权，杜绝未经授权的访问和使用。

数据作为一种生产要素发挥效用的前提，是明确其产权归属，只有当数据归属于特定的主体，才能真正激活其作为生产要素的潜能。个体数据的有效流动与利用，能够为各类经济决策提供全面的信息支持，进而催生出更为丰富和完善的数据供需市场结构。随着个体数据交易生态体系的构建与发展，数据在社会治理和经济交易全链条中的服务支撑作用将得到深化，这不仅为社会经济的活跃增长奠定了基础，而且也在为数字经济步入一个全新的以数据为核心的社会发展模式铺平道路。

数据归人，意味着数据创造者、保护者、拥有者和受益者合而为一。数据归人，体现了对个体基本隐私和财产权利的尊重，这也是数据作为一种生产要素的基本选择，这种选择不仅关乎数据要素作用发挥的快慢与大小，而且关乎将数据推向社会关键生产要素的舞台。它超越了不同国家政体的限制，也超越了政府、机构、企业和个人对社会发展底层基础设施的偏好认知。当技术发展推动互联网向新的价值网络迈进和提升时，资源产权的界定将影响全局，甚至带来安全与隐私方面的巨大挑战，但此时，打破旧系统的时机确实已经到来。

英国"我的数据"案例介绍 ①

2011 年 4 月 13 日，英国商业、创新与技能部（Department for Business, Innovation and Skills，简称 BIS）发布了一份名为《更好的选择，更好的交易：消费推动增长》（*Better Choices, Better Deals: Consumer Powering Growth*）的白皮书，其中提出了一个创新项目——"我的数据"。该项目旨在为消费者提供一个全面、便捷的平台，将个人名下的银行借记卡、信用卡、购物卡等消费数据进行整合，使消费者能够清晰地了解自己在可支配收入方面的消费情况。通过这

---

① 施雯. 英国"我的数据"项目及其对我国政府推进大数据应用的启示［J］. 全球科技经济瞭望，2014，29（11）：72-76.

一项目，消费者能够轻松地分析自己在餐厅、超市以及网络购物等各个方面的消费情况，发现更经济的交易方式，并作出更优的消费选择。此外，消费者还可以选择信赖的第三方机构，协助自己形成更为合理的日常消费模式。BIS 期望通过"我的数据"项目，从根本上改变消费者与企业之间的关系，让消费者能够更好地选择符合自身利益的交易方案，进而推动整个市场的健康、持续发展。

"我的数据"这种数据归集方式和使用安排，不仅有利于消费者，更有助于数据管理第三方企业的成长。长远来看，它能够促进通信行业、金融行业等市场的充分竞争，推动创新服务的涌现。随着"我的数据"项目的深入发展，欧盟议会正式通过了《通用数据保护条例》，该条例于 2018 年 5 月 25 日正式实施。《通用数据保护条例》明确规定，个人对其数据享有查阅复制权及可携带权，这些权利内容与"我的数据"项目高度契合。项目前瞻性地提出了通过向用户提供机器可读的个人数据副本或访问权证，实现个人数据在不同企业或系统间的转移，此外，还鼓励企业在消费者要求的前提下删除其个人数据，从而增强消费者对个人数据的掌控力。这一做法与《通用数据保护条例》所规定的可携带权内容高度一致，进一步彰显了"我的数据"项目在推动数据保护和个人数据权利方面的积极作用。但项目在实践中也暴露出了如下主要问题。

一是项目面临数据供给不足的问题。该项目鼓励企业在符合数据保护法规的前提下，向消费者提供个人数据，如购买历史、账单记录、行驶里程等，然而，消费者的能源数据仍由能源供应商掌握，且释放缓慢，导致数据服务供应匮乏。此外，由于医疗数据来自不同的机构，更新时间可能存在差异，因此用户可能无法及时获取最新数据信息，影响决策的准确性和有效性。

二是项目落地中的操作便捷性较差，导致用户使用不便利。具体表现为：对于数字技能水平较低的低收入人群和老年人等不太友好；界面操作不便，消费者访问个人数据的过程烦琐，用户需要较长时间才能熟练掌握操作方法。此外，该项目的数据分析结果通常以数字和表格形式呈现，不直观、数据可视化效果差，导致用户难以快速理解和分析数据。

三是项目虽提供了数据导出功能，但用户可能在导出时遇到限制和障碍，如数据格式不兼容、导出速度慢等。大部分电信公司不以机器可读的格式提供相关交易记录和通信账单，不同医疗机构和来源的数据格式、标准和技术各异，导致数据不统一，难以有效整合和分析，这不仅增加了数据整合的难度和成本，还可能影响数据分析的准确性和可靠性。

韩国"我的数据"案例介绍 [①]

韩国在个人信用数据使用方面相较于欧美国家起步稍晚，在

---

① 我的数据我做主：韩国"个人信息可携带权"——MyData 模式调研及参考 [EB/OL].https://new.qq.com/rain/a/20221208A07RLX00,2022–12–08/2024–08–04.韩国金融委发布 2022 年 MyData 服务商许可计划［EB/OL］. https://mp.weixin.qq.com/s/mxl4683CqSWSRJ0aqSK6TA,2024–04–20/2024–08–22.韩金服委推出 MyData 2.0 金融服务计划［EB/OL］. https://mp.weixin.qq.com/s/eFdOMoARbbetFO8R0uAVMg,2024–04–15/2024–08–22.

一定程度上规避了英国"我的数据"项目使用不便捷、标准不统一以至于接受度低的问题，发展势头比较迅猛。韩国"我的数据"项目采取自上而下的方式，迅速完善了相关法规、建立了监管沙盒制度、确立了参与机构的准入机制并统一了技术接口，进而迅速推动了"我的数据"产业的引进。具体来说，2018 年 7 月，韩国金融委员会发布了《金融领域 MyData 产业导入方案》，明确了金融"我的数据"的业务范围及参与条件；以 2020 年 8 月正式实施的《信用信息法》为法律基石，2021 年 1 月，韩国又发放了 28 家"我的数据"运营商的牌照，并于 2021 年 8 月开始全面推行"我的数据"服务。这一系列举措展现了韩国在推进个人信用数据使用方面的决心与效率。

韩国"我的数据"项目由政府主导，采用牌照准入制度审核和批准运营商建立服务平台。在数据访问流程中，当用户提出请求时，信息提供者负责将个人数据传至"我的数据"平台，该平台负责整合来自不同公司的个人数据，并统一传输给请求者。韩国"我的数据"项目涉及三类角色：监管机构、实际业务操作相关机构和支援机构。监管机构由个人信息保护委员会和金融委员会组成，负责监督整个数据流程的合规性和安全性；实际业务操作相关机构则包括信息源、"我的数据"运营商和中介机构，分别负责提供数据、运营服务平台以及协助数据传输等具体操作；支援机构则主要由"我的数据"支援中心构成，为整个项目提供必要的技术和行政支持。通过这种分工明确的组织架构和流程设计，韩国"我的数据"项目实现了个人数据的安全、高效和合规共享。

具体而言，监管机构允许在移动应用程序中通过简单的流程，成功实现"我的数据"与各金融机构之间的互联互通。用户运用电子签名授权，能够在单一平台上集中查看和管理自己在各合作机构的金融信息，其中包括但不限于银行账户信息、投资记录、贷款状态和保险详情，并且还能下载保存自身的金融数据历史记录。同时，这一服务平台还具备智能化功能，根据用户授权提供的金融信息数据，能够精确匹配并推送满足用户需求的金融商品建议，从而为用户提供更加个性化和便捷化的金融服务体验。目前，已有 69 家"我的数据"运营服务商，累计订阅用户超过 1.178 亿，为进一步提高服务可用性，"我的数据"将向用户提供卖家名称、购买商品情况等消费记录和付款历史等信息，并将数据范围扩大到公共部门的数据来源。

第三节
数据归人的意义：社会发展的新篇章

借助互联网、物联网、云计算和大数据等现代数字技术，人们的生活和生产活动在各类互联网平台上留下了连续的活动轨迹，这些轨迹在数据世界中映射出一个低时延、高仿真、结构化的现实社会副本。当这些数据归属于行为主体后，个体之间能够进行数据交易，使数据沿着社会主体活动的触角流向社会服务和经济发展的细微之处，为决策提供信息支持。整个社会和经济运行逐渐建立在数据共享的基础上，数据积聚的能量开始"核爆发"，人类因此进入了数据社会。数据社会是一种新的社会形态，在人工智能、区块链等新一代信息技术的赋能下，现实空间和虚拟空间相互融合，促进了社会生产、交换和共生模式的重构，社会的生产方式、生活方式和传播方式发生了革命性的变化，物理实体社会与数据虚拟社会高度融合。

> **数据社会：**是一个以数据作为核心生产要素的社会发展阶段。在这一阶段，区块链、人工智能语言交互模型等先进技术构成了社会底层的技术设施，为数据社会的运行提供技术支撑。数据归人的启动标志着社会发展已经进入数据社会发展阶段，个体间的数据交易为常态，数据流动的自由度与便捷性得到了显著提升，个体利用数据来支撑决策的意识开始增强。通过数据的流通与共享，个体之间的交易变得更加透明、高效和可信，从而促进了新型生产关系的形成。

首先，数据市场将成为一个独立的市场形态，对经济发展起到巨大的推动作用。数据经济将成为新的经济增长点，千万个主体通过高频的数据交易、数据使用等活动，将不断提升数据要素交易市场的规模，丰富和壮大数据市场的生态，使数据交易成为经济的重要组成部分。如果要预测这个新要素市场的规模，可以参照劳动、土地、资本等生产要素所形成的劳动市场、房地产市场和金融市场的体量。以劳动市场为例，国家成立了人力资源和社会保障部来制定政策和进行市场监督管理，政府机构建立了一整套工资福利保障体系，市场上有各种就业服务中介机构，银行提供工资代发服务，劳动者需要缴纳个人所得税等，为劳动要素市场建立了一整套社会服务机制和生态体系。

个体数据市场将进一步提高经济发展质量。随着数据市场的发展，每个主体都可以在交易的前、中、后引入可信数据作为决策依据，帮助企业更好地进行市场发现、分析和预测，优化交易前、中、后的完备决策能力，切实提升产业链上下游的协同能力，提高整个供应链的生产效率，创造新的商业机会、商业生态和就业机会。个体依靠可信数据，能够逐渐摆脱对线上服务平台的依赖，自主寻找、选择交易对手并组织业务实现，促进供需的精准、有效和持续对接，在大大降低业务成本的同时创新业务模式。

个体数据市场将极大地赋能其他要素市场。可信数据的共享显著降低了信息不对称，提高了决策的完备性。劳动、资本、土地、技术等各类生产要素可以沿着数据流更好地进行配置，大大提高配置效率。例如，银行在为企业提供资金融通时，最大的问题是找到需要资金的目标企业，企业的历史数据可以为银行提供可信的交易记录，供银行参考是否授信以及授信额度。后续企业持续经营的数据又可以作为银行贷后管理手段的支撑，此次贷款顺利还本付息的数据还可以作为以后申请融资服务的信用佐证。数据流所到之处，既可以带来金融资源，也可以导入其他优质资源，整个社会的毛细血管通畅了，社会经济运行的大动脉也会加速循环和发展。

其次，数据社会将提升社会管理水平。数据归人有助于政府更好地汇集全社会数据，进行统一管理和共享服务，实现个体行为数据与公共数据的融合，为政策制定提供更全面的依据和支持，高效地服务于城市规划、经济运行监测、公共安全监控等领域，并精准跟踪政策效果。例如，将空气质量、交通流量等数据与居民消费市场、企业供应链市场的数据相结合，可以在对经济发展影响最小的前提下，更精准地制定和调整城市环境保护管理政策，切实提高城市居民的生活质量。此外，数据主体比任何人都更关注和需要保护自身隐私，数据归人在一定程度上从宏观层面解决了个人信息安全保护问题。因此，数据归人是提高当前社会治理效率和服务能力的重要突破口，也是推动数字社会和数字政府进入下一发展阶段的重要力量。

数据社会将提高人类生活的便利性和实际水平，数据使人们能够随时随地低成本、快捷地获取和使用各类可信信息及服务。在人类历史上，个体首次有能力获取大量其他个体的历史行为数据，这使得个体在交易对手选择、交易规则制定和交易后续处理方面具备了更多的灵活性和个性化。同时，数据汇集到个体名下，个体能够更清晰地了解自己完整的"数据人"形象，这有助于人们更好地管理和规划个人财务、学习、健康、旅行等方面的生活，提高生活质量和幸福感。数据的收益权或主要收益权归属于个人，数据供给方会根据需求方的需求，为尽可能实现数据高频、充分流动作数据归集和整理方面的准备，从而获得数据交易流转的收入，真正实现按数据分配。按数据分配是按劳分配在数据时代的延伸，行为轨迹越丰富、数据收集越频繁，数据就会越丰富，产生的数据交易收入就越多，这也是让数据主体参与数据社会发展成果、提高收入水平和实现共同富裕的重要举措。

数据社会的发展有助于推动社会生产力的进步。自然语言交互的智能模型和基于区块链的可信数据交换等技术，能够平等、安全、高效、智能地支持每个社会成员以对话等形式搜集、管理和交易数据，确保数据共享的社会安全性、普惠性和平等性，将分散滞留在业务系统和主体之间的数据汇集起来，实现数据融合并导入社会运行的毛细血管。数据社会的深入发展也对生产力的持续进步提出了新的要求，这将对创新和科技发展形成推动力和牵引力，为技术升级提供更全面、精准的数据支持，为个体智能数据的处理和应用创造有利条件，从而实现新质生产力对高质量发展的强大推动和支撑作用。

最后，数据社会将促使国际关系发生深刻变化，推动全球治理体系的变革与完善。数据作为一种全新的生产要素，各国政府对其重视程度不一，组织、准备和推进的速度也各异。一些政府会不断提高数据要素相关技术应用的智能性、稳健性、普适性和安全性，持续推动科技领域的进步、创新从而形成先发优势，构建全球化的数据供应链和价值链，建立健全数据安全管理制度和隐私保护体系，提升全民数据素养和技能，不断增强本国生产力的领先性和综合国力。在个体数据共享驱动生产方式、生活方式和治理方式变革的过程中，新的国际力量对比和国际关系秩序将会形成。在全球范围内，各国政府和国际组织需要加强合作与交流，共同制定并遵守数据治理规则和标准，促进全球范围内的信息共享和交流，增进各国之间的相互了解和信任。

拥抱和发展数据技术是大势所趋。在数据社会时代，只有率先掌握数据要素和不断进行数据技术创新的国家和民族，才能引领世界的发展。我们要努力率先把握数据产业发展规律和特点，精准聚焦数据基础设施构建，扩大数据规模、提高数据质量、畅通数据共享、强化数据治理，以数据为核心，持续引导社会各界更好地运用数据，构建以数据为经济导向的全新生态。

> **数据技术：** 是指为实现数据成为要素，涵盖个体数据搜集、管理和交易全生命周期的一系列支撑技术。其中，广域网自由组网技术发挥着关键作用，它能够实现数据的便捷确权、可信固化、智能计算等功能。另外，人工智能语言交互模型也是数据技术的重要组成部分，它支持数据的标签归类，将场景化的数据需求翻译为计算机程序可以理解的数据加工、计算指令，并将处理结果再转化为人类语言表达方式输出，实现"数据会说话"。

第四节
数据归人的实现：可行性的完整论证

　　数据的产生由来已久，然而早期的数据因其特殊性，未能满足成为生产要素的要求。例如，古代关于皇帝和重要人物的历史记载，虽然具有显著的社会历史价值，但仅限于少数特定个体，未能广泛涵盖社会各个层面。随着记载工具的进步和成本的降低，越来越多的普通人开始拥有属于自己的数据，如影像资料和图文资料等。然而，这些数据要么过于专注于特定事件的详细记录，缺乏足够的时间跨度，要么呈现出碎片化、颗粒度粗的特点，并且真实性难以验证。这些限制导致数据的覆盖范围有限，长度和宽度不足且可信度有限，因此早期及部分现代数据仍未能满足成为生产要素的条件。

　　生产要素的占有和分配并非任意而为，而是受到生产力水平的深刻影响。实现生产要素的公平占有并非意味着简单的重新分配，而是追求社会成员在使用生产要素时的平等权利，确保每个人在市场经济中都能站在同一起跑线上，享有平等使用社会生产要素的机会。值得一提的是，数据要素作为人类历史上的一类特殊生产要素，对技术的依赖性极强，没有数据技术的支持，我们无法以低成本、高效的方式形成具有足够宽度、长度和密度的数据资源，因此，技术进步改变了生产要素的占有和分配方式。

随着移动互联网和物联网技术的飞速发展，每个使用智能设备的个体都在持续不断地产生数据。这些数据被线上服务平台广泛收集，过去这些数据只有在平台方进行集中技术处理后才能发挥作用。然而，随着数据归属权的转变，线上服务平台开始将积累的海量数据交还给个人。面对如此众多零散、类别多样的数据，绝大部分个人及中小型企业往往缺乏有效管理和利用这些数据的能力与工具，这不仅导致数据无法充分发挥其潜在价值，还可能引发一系列数据安全隐患和负担。更为严重的是，不当处理个人数据还可能导致个人隐私泄露，不当处理企业数据还可能导致商业机密扩散，甚至威胁国家信息安全。因此，如何在保障数据安全和个人隐私的前提下，有效管理和利用这些个人数据，成为一个亟待解决的问题。

数据归人，即将数据从线上服务平台管理转变为个人管理。这一转变意味着数据不再依赖于线上服务平台的技术实力和法人主体信用背书，而是分散到千千万万独立个体名下。从此，数据面临三大核心问题：数据的基础管理技能、安全性保障和可信性验证。首先，无论个人的年龄大小、受教育程度如何，都必须具备管理这些数据的基本能力。这包括理解如何安全地存储、备份和更新数据，以及如何有效地使用这些数据来支持个人决策。其次，数据交换过程中的安全性和可信度也是我们必须关注的问题，必须确保数据的传输过程安全无虞，防止数据被非法截获或篡改。最后，数据归人后，数据的可信性成为一个重要议题，在没有平台信用背书的情况下，我们需要确保个体向数据需求方提供的数据是真实的、未经篡改的，这需要通过一系列机制来实现，比如建立数据真实性验证系统，对提供的数据来源进行验证和审计。

一、人工智能语言交互模型的兴起，将解决"搜数"的便捷性

为了加强用户对个人数据的搜集便携性，我们首先需要采取一系列措施来提高用户的数字素养和信息素养，这包括通过教育、宣传经济利益引导等方式，使用户更加了解个人数据的重要性，并学会如何有效地搜集、管理和利用这些数据。然而，仅仅提高用户的素养是不够的，我们还需要通过更加简单、便捷的方式，来增强用户对个人数据搜集的掌控力和利用能力。因为数据作为一种特殊的要素资源，具有线上、线下之分，且极度分散、单个数据价值量小、变动频繁，不适合过多的人工介入和处理。我们面临的首要问题是如何确保不同地区、年龄阶段、教育背景的个体通过简易的数据搜集工具和方法，都能轻松、有效地搜集和利用自己的个人数据。

人工智能语言交互模型将是未来的一种人工智能新应用，它依托于大规模的语料训练，能够深入理解人类的语言，并生成逼近人类表达习惯的回应。这种模型的出现，将赋予人工智能通过自然语言来理解和表达人类意图的能力，从而实现更加自然的交互体验。该模型的语言理解和逻辑能力，极大地提升了自然语义

识别、沟通和任务处理的效率，它不需要用户具备深厚的数据技术知识，只需通过简单的"说话"方式，即可实现对文字、图片、音频、视频等大量数据资源的搜集（见图2-2），这一特性使得普通人也能轻松获取自身行为的线下、线上数据，为数据归人的快速推广奠定了坚实基础。

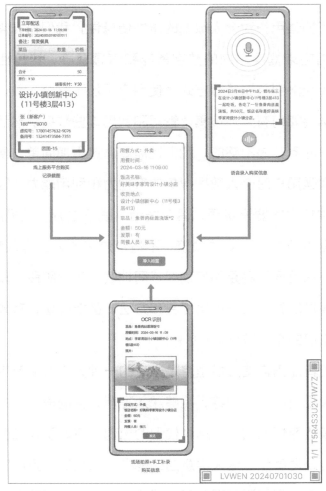

图2-2　多模态搜集数据

二、数据搜集起来后，人工智能语言交互模型可根据标签库自动进行语义判断和数据归档工作

在传统的集中式架构中，线上服务平台扮演着至关重要的角色，它们负责支持信息搜寻和交易对手的匹配过程。每个平台都会根据自身的设定，制定特定的信息搜索、匹配规则，进而决定商品或服务供给方在平台上的展示内容和排序方式。然而，在数据的供求关系中，市场中的海量个体扮演着更为核心的角色，由于数据种类繁多、数量庞大，因此能否实现已有数据供给与个性化的、零散的数据需求之间的及时准确匹配显得尤为关键。这一过程的顺利进行，高度依赖于数据标签的一致性和完备性，可以说，数据标签是数据要素供需世界中的语言表达体系，它们使得数据能够被准确理解、高效流通，从而实现数据的最大价值。

面对大量且繁杂的数据，人工完成标签归类的难度较大，而人工智能语言交互模型可以显著提高生成数据标签的效率，避免人力和物力的浪费。该模型能够从文本、图片、音频、视频等数据中提取关键特征，并依据信息理解和对应特征进行数据标签归类（见图2-3）。此外，不同标签体系的兼容性至关重要，它将直接影响跨平台搜索的可能性和流畅性。同时，标签还可以自动翻译成不同国家的语言，方便跨国范围内交易对象和交易对手的搜索，实现全球范围内数据资源的配置，提高资源配置效率。

如前所述，标签体系越完善、越达意、越丰富，数据供需对接就越自然，共享也越顺畅，这种标签体系的设置和管理属于社会基础

图 2-3　数据标签

设施，既关系到国家数据安全，也涉及社会数据要素的平等性，需要政府组织相关机构制定标准并提供统一的标签服务。在确保数据来源合法、内容合规、授权明晰的前提下，利用多模态对新接收数据进行组织和归类，使其根据内容自动识别并统一到合适的标签之下，从而缩小群体间数据资产管理的鸿沟，迅速完成供给端的数据准备。

三、通过"说话"完成数据供需操作，数据交易无门槛

任何个体都能根据实际场景需要，随时随地发起数据请求，数据需求方只需用最直观的生活或者工作语言表达即可，例如："需要附近能在 30 分钟内送复印纸的商户。""查询红星化工是否曾为大型国有企业的供货商，并提供之前的有效交易数据来验证其资质。"人工智能语言交互模型能够理解人的意图，自动完成标签对应，并向网络中特定或者不特定的数据供给方发起数据请求。若反馈结果不满意，数据需求方可开启多轮对话，继续发起数据请求，直至获得满意的交易数据。

数据请求往往具有高频、单次收益低、计算复杂等操作特点，这给供给方带来了频繁响应各类数据需求的挑战，因此，智能化工具的介入变得尤为关键。人工智能语言交互模型通过个体的大量数据预训练，能够根据数据供给方的偏好和习惯等先验知识，构建出多样化的个体智能客服和自动应答系统，这些智能助理能够高效地处理来自各方的数据需求任务，包括数据需求任务拆解和执行等环节，从而

将数据供给方从频繁且琐碎的需求咨询和应答处理工作中解放出来。

锁定数据供给方、供给方的数据标签和数据值后，人工智能语言交互模型基于数据加工处理结果，根据需求方特点生成自然流畅的文本内容，结合语音合成功能，通过更便捷、自然、友好的语音交互将数据结果反馈给数据需求方。它还能借助各种数据可视化工具和技术（如图表、图形和交互式界面等）呈现和解释数据，实现"数据说话"。数据可视化和交互性有助于更好地理解和分析数据，从而发现其中的商业价值。此外，还可以借助人工智能语言交互模型完成不同语言的翻译和转换，促进跨语言数据需求的交流和理解。

四、区块链可以保障数据归人后数据质量的可信性

当数据离开线上服务平台，失去平台的信用保证和背书，个体成为数据供给方时，需要解决两个基础问题，即数据确权和可信性，这样可以让数据所有者更好地控制数据使用，并便捷证明数据与当时的行为完全一致。首先需要解决的问题是，如何证明个体没有因为私利而篡改数据，并且提供给不同数据需求方的版本完全相同。数据的可信验证需要确保能够通过多种渠道验证信息的真实性，例如查找其他来源进行佐证或进行独立调查，从而保证数据归人后的质量可信度。

基于区块链广域网的组网能力，任何人或机构都能随时随地

加入区块链网络。在这张节点自由进出、形状不断变化的网络中，最终的信任是基于自己看到的、参与的或者自己选择的可信代理人反馈的结果。如果任何一方需要确认或核验信息，可以在数据产生前作为节点加入网络，参与数据在网络中固化、共识的过程，也可以在数据产生后选择自己信任的一个或多个节点，申请回放交易数据在网络中的固化过程，网络节点作为技术见证人，会无偏倚地记录信息，从节点自身的可信度、网络节点构成、网络记账的随机性、区块的链式结构以及交易的链式结构等层面，还原当时信息固化的快照，进而确认信息产生后未被篡改。

区块链多节点共识可以保障数据记录后未被修改，但数据随业务产生时的真实性核验也非常必要，区块链技术的多业务方共同签名机制可以从业务共享账本层面保障信息的可信性。此共享账本有别于传统区块链底层共享账本概念，当发生一笔交易时，各业务参与方的数字签名都在共享账本中，通过共享账本可以看到交易对手确认的信息，如此，区块链中记录的信息可以通过对方签名的信息来验证真实性。当交易方 A 向潜在交易合作方 C 出示其与交易方 B 的历史交易情况以证明其能力或资质时，账本展示的是交易方 A 和交易方 B 的共同数字签名内容，交易合作方 C 可以查看并向交易方 B 发起交易事实核验，交易方 B 会自动根据其账本记录内容确认信息的真实性（见图 2-4）。这种业务层面的共享账本自动实现了向交易对手方验证信息的机制，解决了当前信息核验困难、成本高、核验结果可信度低的问题，极大地保障了交易的可信度。

图 2-4（1） 数据可信核验

图 2-4（2） 数据可信核验

区块链的这种可信网络模式设计，将技术和业务双重确认信息相结合，搭建了交易中、交易后数据的便捷核验机制，大幅降低了信任成本和数据治理的摩擦系数，这是提升现有数据可信质量、增强数据生产能力的战略之选。这不仅是可信技术实现方式的升级，更是数据可信治理理念的深刻变革，它在场景上与现有业务框架相契合，在技术生态上实现了扩展性平衡的信任达成方式。

> **可信技术**：是指能够增强数据可信性的技术手段。它主要是指广域网自由组网的技术，即区块链技术，允许网络中任一节点自由进出，并通过多方共识机制实现技术层面的数据不可篡改。这种固化方式使得数据篡改难度大、成本高，从而有效保障数据的真实性和完整性。采用广域网自由组网技术的本质就是信任自己，即自身可以随时参与网络记账和共识过程，或者自主选择任何信任的节点去核验数据的真实性。另外，可信技术还支持多方签名机制，支持调动业务层面其他参与方来确认其对数据真实性的态度。

五、区块链的广域网组网促进了数据的可信共享

数据共享是指根据实际场景的需求，原生数据本身、原生数据的鉴真反馈或衍生数据可以供数据需求方使用，从而支持需求方作出交易完备决策。数据具有"所见即所得"的特性，要实现

数据的可信共享，首先要确保通道可信，数据不能被通道或数据共享平台提供方读取、复制或占有，数据或数据访问方式的通道必须具有"不粘锅"的特点，不能留下任何痕迹，同时需要具备足够开放的验证机制以保证通道安全，而这正是广域网组网的优势所在。

基于通道安全，充分利用区块链自身的技术特点和优势，不仅能够实现点对点的数据使用权交易，使数据共享更加安全和高效，还能通过加密技术手段保护数据隐私，让数据交易和共享更加安全可靠。此外，区块链技术还可以打破数据地域限制，促进数据要素在全球范围内的流动和配置，推动全球数据经济的互联互通和发展。如果没有分布式可信技术的发展，就难以实现"数据来源可确认、使用范围可界定、共享过程可追溯、安全风险可防范"，数据也将失去规模化、低成本共享的能力，从而影响使用价值的实现。

倘若需求方对数据本身的获取没有硬性规定，那么数据的可信共享可以采用数据存储原地、授权访问的方式。根据实际业务场景中的数据需求，数据本身存储在数据供给方指定的位置，数据使用方依据公布的数据标签，编写数据需求应用程序，并在数据存储位置计算运行场景所需数据结果。如此一来，数据需求方既无法看到也无法拿走原生数据，但是数据反馈结果是可以核验的，这能够有效防范数据需求方非正当获取数据的风险，是数据供给方安全级别较高的数据共享方式。

六、区块链和智能合约共同支持了数据交换的智能性和可用性

基于区块链的智能合约是区块链技术中极具活力的应用，它由计算机科学家、密码学家、法律学者尼克·萨博（Nick Szabo）在 1993 年首次提出，其基本原理为：如果数据来源可信且计算过程可信，输出结果便是可信的。在广域网组网中，智能合约的可信性有了良好的数据和计算环境基础，同时具备了更好的可操作性。智能合约有两个显著应用：一是将数据加工处理逻辑交给数据需求方。基于数据标签体系，数据需求方可以编写各种需求场景的智能合约，在保护数据隐私和安全的同时，也保护了数据需求方的商业逻辑和信息，顺利实现数据共享和交易。二是对未来承诺的强制执行。在社会交往中，交易对手通常会为了控制可能的风险而采取各种预防措施，这虽然有利于风险管理，但也大大增加了交易摩擦和成本，可以将交易条件写入智能合约，当条件触发时自动执行，确保交易顺利完成。

人工智能语言交互模型的迅速崛起和发展，不仅在语义理解、自然语言表达和智能处理任务等方面取得了重大突破，还能够使用自然语言将各种交易条件通过智能合约实现。利用人工智能自然语言交互模型引导智能合约的生成，是人工智能与区块链技术的理想结合点。如此一来，在区块链智能合约焕发活力的同

时，还能激发大众参与数据管理和共享市场的热情。要实现个体之间的数据交易，还需要适应各种千变万化的数据应用场景，而人人都可以通过"说话"编写的智能合约则是有力的支撑，智能合约取代了原有平台的交易规则和业务组织功能。

此外，要想数据市场活跃繁荣，除了原生数据，数据的二次衍生也尤为重要。将现有数据集与其他数据集交互，能够创造更多的个体数据。二次衍生的数据归衍生创造主体所有，原生数据主体可以参与收益分成。然而，在当前的经济运行模式中，这种复杂的主体所有和收益权方式通常通过公司制运作来实现，流程烦琐，操作成本高，不适合数据这种低价值量、不断变化的对象，而运行在区块链上的智能合约，可以低成本、有效地支持这种灵活组合、灵活分配方式的实现。数据的二次衍生可以分为同一主体和跨主体的不同衍生，无论哪种方式，数据供给方都可以根据数据来源条目获得收益，数据衍生方则可以根据衍生产生的贡献获得收益。数据二次加工的条件以及收益分成的方式等可以提前写入智能合约，原生数据供给方可以根据这些条件决定是否提供数据。

数字信息技术的发展使分散、离散的信息成为可确权、可流动、可追溯、可智能管理的数据要素，数据的积累、供需对接和共享都严重依赖技术的不断进步。发展数据技术仍然是支撑数据要素的基础条件，随着可信技术和人工智能语言智能交互技术的发展，推动数据要素市场发展的底层基础设施已初具规模。个体平等进行数据确权、安全共享的普惠式技术逐渐成熟并发展，普通个体具备了管理自身数据的能力和可能性。

数据作为数字时代的生产要素和核心资源，人类本应平等地享受这种新型生产要素带来的社会福利改善。数据不同于传统生产要素，其具有乘数效应和外溢属性，应用场景越丰富、应用频率越高，数据的价值就能进一步体现和释放，从而更好地推动社会治理、经济发展和文化繁荣。数据技术的发展可以确保数据归人后数据管理的平权，因此要加大对数据共享基础设施的投入，探索建设基于行为轨迹和交易场景的数据共享平台，持续加强关键技术攻关，加快推进数据产业化，助力数字社会高质量发展，这些都是数据要素更好发挥作用的基础和前提。

第三章 数据归人带来的市场新貌

在数据确权至个人之后，数据的管理内容、管理方式以及数据市场的供需主体和收益分配模式，都将经历根本性的转变。这一系列变革不仅引领数据市场架构的全新布局，更重要的是，它双向激活了数据供需两方的市场活力，赋能各个主体利用高质量数据做出更加精准高效的决策。此过程标志性的成就之一，是确立了数据作为企业、个体资产的收益地位，开了数据资产变现的先河，直接促进了社会财富的增长。

第一节
数据管理的新变化：个体数据的精细管理

一、数据归人后的数据类型及特点

数据归人后，个体的各类行为数据在主体处得以汇集，这些数据构建了一个个鲜活的"数据人"，使得真实完整的数据画像形成的身份信息愈加丰富立体。身份数据是最基础且重要的数据，在应用场景中，数据收集方需要在确认身份信息之后，将自己的行为数据收归己有；数据验证方在交易参与方可信身份的基础上，进行数据验证服务的请求与确认。根据数据的特性及来源方式，我们可以将身份数据初步划分为三类信息：一是由政府授予和生物特征形成的唯一身份标识；二是通过个体行为数据积累形成的数据画像身份特征；三是基于个体所有物或设备的行为数据所积累的身份信息。这三类信息虽然各具特色，但又相互关联，共同构成了完整的身份信息体系。

（一）身份数据是各类数据集的基础

可信网络的稳定运行离不开主体身份的确认。主体身份不仅是政府进行社会治理和提供公共服务的基础，也是各类主体开展社会活动时进行身份认证和确认的核心要素。政府在身份管理的基础上，有效制定政策、法律并履行相关职责。同时，主体身份还是各类主体在社会活动中进行身份认证的基础，比如：企业投标、申请政府补贴等，均需以营业执照作为基本身份标识；个人在乘坐高铁、飞机等场景中，身份证和护照则是完成身份验证的必要凭据。此外，借助个人的唯一生物特征，如脸部特征、虹膜、掌纹等信息，我们可以建立个体生物可信身份。在授权过程中，通过采集这些活体生物信息，能够精确完成身份识别和确认。这类身份数据在数据搜集、管理和共享过程中发挥着至关重要的作用，是进行身份确认和核验所必需的基础信息。因此，通过综合运用各类身份信息，我们能够构建一个更加安全、可靠和高效的可信网络环境。

载有身份信息的数据不仅关系到个人数据安全，更直接关系到社会稳定和国家安全，因此其安全隐私要求级别极高。尽管这类数据的整体数量有限，但由于其高度的敏感性、重要性和访问频率极高，要求我们必须对其进行可信的存储。对于存储方式、位置及机构，都需遵守严格的规定，以确保数据的安全性和可靠性。在身份信息的使用过程中，对原生数据的需求比较有限，更主要的是身份确认和验证，因此，授权验证成为共享使用过程中最关键的环节。为了更好地平衡身份核验的便利性与信息安全性，我们可以在原有业务环节必须出示原件的基础上，探索更多、更灵活的身份核验方式，避免非必要信息的共享。此外，考虑到个体在隐私保护意识和能力上存在差异，国家必须制定严格的授权标准、风险控制和使用管理政策，对个体身份数据进行严格的管理。这不仅能保护个体的隐私权益，也能确保身份信息在合法、合规的范围内得到有效利用，从而维护社会稳定和国家安全。

（二）行为数据是数据集最重要的内容，也是数据中最具活力的部分

行为数据是个体数据中最为活跃的部分，这些数据在横向上具备无限的扩展性，在纵向上则能够不断细分和延伸。随着数据的不断积累，它们不仅塑造了丰富的个体身份，更在数据世界中勾勒出每个个体的独特轮廓、交易能力及特点。每个个体因此形成了一个以数据为基本单元的"数据人"形象，其思想和行为均源自个体自身的行为数据，是个体与外界进行信息交互的直观体现，在交易发生之前，这些数据成了其他个体寻找交易对手、确定交易价格和方式的关键依据。行为数据塑造的可信身份，可能与政府登记的可信身份完全一致，也可能存在显著差异，或在动态调整中逐渐趋于一致，这种动态性和多样性使得行为数据在个体间的信息交互和交易中发挥着至关重要的作用。

行为数据是数据归属变革后受影响最为显著的部分。原本这些数据集中存储于特定线上服务平台，如今则分散至各个行为主

体，使得个体在不同平台积累的数据在个体处进行回流并汇总。值得一提的是，以往线下遗失的数据现在也能够轻易转化为可记录的行为数据，从而实现了人类历史上首次对个体行为数据的相对完整的搜集。鉴于这些数据涉及不同年龄、教育背景和地区的个体，在不同个体间高频交易和共享过程中需首要考虑的问题便是安全性和便捷性。

（三）设备终端数据在横向和纵向扩张上具有重要作用

随着物联网的迅猛发展和数字社会建设的日益深化，设备终端数据已成为数据领域不可或缺的重要组成部分。这些网络中设备具备的可信身份，我们称之为设备可信身份，这种可信性实际上是主体可信身份的延伸。数据设备隶属于不同的自然人或企业法人，并在其工作和运行过程中产生庞大的数据量。由于同一设备可能归属于不同的主体，而不同主体对设备的使用习惯和频率存在差异，因此不同主体拥有的设备所生成的数据也各具特色，这些设备数据不仅反映了设备的运行状态和性能，更在无形中刻画出不同主体的行为轨迹。

数据归人后，不同设备终端数据归属其主体，使得数据边界得到进一步拓展。在这一背景下，设备终端数据和行为数据实现了融合，交易数据也不断延伸到设备的实际运行中。这一变化对于设备未来能够实现自主发起交易需求、自动完成交易等关键功能将起到重要作用。同时，基于各类设备终端产生的数据，我们能够有效支持设备实现智能交互，让设备"开口说话"，这不仅有助于设备的自我维护、自主交易和自动客服应答，更使得所有设备终端变得更加智能化，与数据之间形成了良性互动。丰富的设备终端数据不仅增加了主体的数据资产，还深化了对主体行为特征的刻画，这种画像不仅是对现有数据密度的有力补充，更是对数据质量的有效提升。

二、数据管理有了新的含义和内容

线上服务平台主要通过业务运营过程形成数据资源，而在数据采集及其后续使用的全生命周期中，数据主体并未参与。然而，随着数据归属权的明确，数据的全生命周期管理变得更加丰富和立体。首先，数据管理的主体与数据行为主体实现了统一，这意味着数据的管理更加贴近数据产生的源头。同时，数据管理的内容也得以扩展，涵盖了采集、存储、授权、灭失等完整过程。这一过程的起点是个体收集数据，终点则是个体基于主动意愿进行数据灭失、继承或转赠。在这个过程中，个体在数据的收集、加工处理等环节发挥着更加主动和积极的作用，从而确保了数据的完整性和准确性，也提升了数据管理的效率和效果。

个体参与数据资产管理的首要步骤是数据搜集，这里的搜集不同于线上各个平台数据的收集、汇聚，更强调线下文字、图片、音频、视频等各种模态的搜集、结构化处理。鉴于当前社会在数据归集到个体的底层技术、基础设施、成熟路径以及法律环境方面尚存不足，个体在初期需积极利用各类智能模态工具主动搜集数据，并借助标签体系统一管理这些数据。在这一过程中，不仅需要加强数据权属和数据收益观念在社会层面的普及，更为关键的是，那些引领新趋势的先锋人群应主动探索数据的使用，通过示范效应带动更多个体参与数据管理，实现数据的"先富"带动"后富"。随着数据归集基础设施的不断完善，个体仅需完成身份验证，即可自动接收来自各平台积累的存量数据。基础设施的完善程度将直接影响数据的覆盖率和归集数据的时效性，因此，我们应致力于推动数据归集基础设施的持续优化，以确保个体能够更全面及时地获取和使用数据。

数据归人后，其安全存储问题变得尤为突出，若存储安全得不到保障，数据归集的风险将大幅上升。鉴于不同个体在数据存储和管理能力上的差异，政府授权的相关机构应统一提供管理服务，以应对数据存储安全的社会共性问题。一方面，需要防范数据恶意窃取和非法访问等，这些往往是个体需要付出高昂成本才能解决的问题。另一方面，考虑到数据的非物理流动性，即数据无需实际移动即可共享使用，全社会统一存储不仅有助于提升数据存储的安全性，还是解决数据使用过程中重复存储问题的有效途径。

此外，数据归人后，隐私管理的能力和权限也随之转移至个体，这是过去个体鲜少考虑的问题。近年来，随着信息安全意识的提升，越来越多的个体开始关注并反对数据滥用。然而，如何在产生收益的同时保护个体隐私，成为数据归人后亟待解决的问题。由于不同个体的情况千差万别，因此推行数据归人政策时，技术上需要严格遵循隐私保护原则，构建新型数据共享基础设施，这包括对敏感数据进行严密管理，并加强隐私保护意识的宣传与培养，确保在实际数据流动中按照"数据暴露最小化"原则进行交易，任何扩大数据暴露范围和程度的行为，都必须经过严格的授权确认，以确保个体隐私得到充分保护。

为了提高数据供给质量，个体需要具备经营自身数据的意识和能力，这与经营房地产或金融投资有着异曲同工之妙。在经营数据的过程中，个体应当既注重规避潜在风险，同时积极寻求更多的交易机会和提高交易频次，以实现更高的数据收入。具体而言，个体可以采取一系列策略来优化数据管理。首先，可以向可信主体开放更多的数据白名单，这有助于扩大数据交易的伙伴范围。其次，根据自身数据的稀缺性和价值，制定灵活的价格策略，以确保数据的合理定价。再次，根据用户的使用习惯，设置更便捷的数据授权方式，提升潜在数据用户的体验，从而增加数据交易的可行性。最后，个体还可以主动进行数据衍生和二次开发，以增加自身的数据数量，进一步丰富数据供给。通过这些措施，个体能够在数据需求明确的情况下，使自身的数据以更高的频次和更高的价格进行交易，进而实现收益的提升。

　　此外，与以往相比，数据需求方发生了显著变化。现在，数据需求主体不再局限于那些仅需要批量数据画像的商业企业或金融机构，而是扩展到拥有数据利用意识和数据挖掘能力的大量个体。这些个体可能有各种数据需求，比如寻找合适的交易对手、验证交易对手的信息，甚至是为了满足个性化的交易方式，比如以物易物等。因此，数据需求方必须能够灵活地确定他们所需数据的具体时间和范围，并以恰当的方式发出数据请求。只有明确了更加具体的数据需求，才能有效地控制数据搜索范围，从而以更快、更低成本的方式找到符合自身需求的数据，这样的变化要求数据需求方在数据利用上要有一定的策略性和灵活性。

　　数据归人后，虽然能够缓解线上服务平台经营中断（如倒闭、兼并、收购等）导致的规模性数据灭失问题，但也引发了新的挑战：个体作为自然生命体，其生命终有尽头，这自然引出了数据后续归属的难题。当数据主体不复存在，新的数据自然无法再产生，存量数据的处理也成了一个亟待解决的问题。我们需要深入探讨，这些数据是应该随着主体的消逝而自动消失，还是应该按照主体的意愿授权其他主体继承？或者，这些数据最终应归属于国家？这些都是数据归人后我们必须认真考虑和面对的数据终极去向的问题。

　　数据归人后，个体在数据管理过程中的主动性和参与性得以凸显，进而推动全社会数据底层基础设施的健全与完善。这一变革不仅有助于个体实现对数据从搜集到灭失的全方位、全周期的智能自动管理，更是人类步入数据社会这一全新阶段的标志。鉴于数据要素具有诸多独特性质，与其他生产要素迥然不同，在数据管理的初期应更多地采用技术控制手段，实施从严管理策略。随着数据管理的深入，我们可以根据不同数据类型和应用场景的特点逐步放宽管理要求。同时，个体也应积极适应这种新型的资产管理方式，勤于经营，主动获取收益，以不断提升数据收入在自身财富收入中的绝对值和相对比重。这一转变不仅有助于个体更好地利用和掌握自己的数据资源，也将为社会整体的数据利用和价值创造提供更为坚实的基础。

三、数据归人后数据价值的实现方式

数据归人显著增强了数据主体的隐私保护意识和收益预期，这进一步激励数据主体不断提供更多的数据供给，同时，数据需求方也不断产生新的数据需求，供需双方的活跃互动使得数据交易市场日益繁荣。这种活跃的交易氛围为将数据引入社会管理、经济交易的决策全过程奠定了坚实基础，使得数据成为数字社会、数字经济发展的重要支撑，并深入渗透到社会运行的方方面面。在这一过程中，数据通过解决信息不对称和信息真实性问题，有效降低了交易成本并控制了交易风险，这构成了数据发挥机制的基本逻辑。具体来看，数据实现价值的途径主要有以下几个方面。

（一）减少信息不对称，降低搜寻成本

数据归人后，信息搜索和匹配转变为点对点的方式，借助相对统一的标签体系，任何个体都有可能被潜在的交易对手搜索到，并基于其历史交易情况和外围支撑数据被精准选择为合适的交易伙伴。这一变革极大地提高了市场主体的参与度和交易的公平性。无论是特色鲜明的小众产品，还是个性化的需求，都能通过这一标签体系得到有效匹配，从而极大地提升供需双方的对接效率和资源匹配能力。最终，市场环境将变得更加公平、透明，各类市场主体获得更加广阔的发展空间和更多的机会。

（二）提高信息的真实度，降低风险管理成本

数据归人后，数据质量的可信层加固变得至关重要，数据需求方能够依据标签随时检索并验证数据的真实性。一旦数据的真实性得到证实，交易决策中的博弈成本将显著减少，考虑到数据的"蝴蝶效应"，即本次数据可能被用作后续多次交易的参考，数据主体将更加注重提高履约意愿，以维护自身数据的正面形象和积极属性。这将有助于提高后续交易对手对数据主体行为的预期，进而优化市场主体的自我约束能力。这一系列的努力，不仅能够不断降低全社会的风险管理成本，还能提高市场决策的效率。

（三）零散、即时的数据需求得到满足

随着数字经济的日益繁荣，数据在各个维度上都变得更为丰满，这种数据总量的相对丰富以及数据维度的持续优化，不仅体现在纵向时间的不断延长和细化上，还体现在横向维度的足够宽广上。这意味着数据的可用性持续提升，数据需求方得以随时随地获取到与自身需求相适应的数据，从而支持完备的交易决策，并及时优化这些决策。在这一过程中，历史积累的数据逐渐渗透到经济社会发展的各类主体和各个交易环节，使数据无处不在、无时不在地支持着交易决策，数据支持的广泛性和深入性有效地推动了数据社会的运行，使数据成为推动社会进步的重要力量。

（四）推动数字经济和实体经济的深度融合

数实融合主要体现在两个方面。首先，数据赋能原业态，通过精准的数据分析与应用，满足了更多个性化、特色化的交易需求。在可信网络的支撑下，智能合约得以高效运行，为特色化交易提供了便捷、安全的运行环境，同时，点对点交易、物物交易等新型交易方式也展现出巨大的潜力，有望成为未来交易组织的重要形式。其次，数据要素催生了全新的交易方式，比如对于中小企业而言，由于面临准入门槛和聚合资源的挑战，起步往往较为困难，借助智能合约，中小企业可以向支持其发展的买家承诺

未来收益分成，这种创新模式不仅受到数据长尾效应的正向影响，还因智能合约的可信性而吸引早期买家的积极参与。这不仅有助于中小企业在起步阶段汇集更多业务资源、降低市场竞争门槛，还有助于提高中小企业的存活率。综上所述，数字经济和实体经济的深度融合不仅促进了交易模式的创新，还为中小企业发展提供了新的机遇，推动市场更加公平与高效运行。

第二节
市场供求的新趋势：双向奔赴的内在活力

数据归人后，数据市场迎来了新的参与主体，包括个体数据供给方、个体数据需求方以及数据要素交易服务商，各主体共同构建了新型数据市场格局。鉴于数据要素具有显著的离散特点，涉及领域广泛、类型繁杂，时间维度和空间维度均较为分散，单条数据的价值和意义相对有限，因此，只有当数据横向融合或纵向累积时间足够长时，才能有效刻画主体行为轨迹和特点。为实现这一目标，要不断提高供给侧数据质量，提升数据的准确性和完整性，同时增强需求侧数据表达能力，使数据更好地服务于实际应用。数据需求被数据供给满足的速度、成本和安全程度，是衡量数据市场发展成熟度的重要指标，这些因素会对数据交易方式、交易价格以及数据共享的频次和创造的社会价值产生深远的影响。

一、数据供给

（一）数据供给的主体

在未来的数据社会，任何主体信息和行为轨迹都将以数据形式进行组织和记录，在这样的背景下，持有数据的个体自然成为了数据供给的主体，其范畴广泛，包括政府机构、企业法人以及自然人等。更进一步，在数据跨境流转交易得以实现的条件下，数据供给方不再局限于本国个体，外国个体同样可以参与其中。此外，数据供给主体既可以是原生数据的所有者，也可以是提供衍生数据服务的服务商。随着数据作为生产要素的理念逐渐深入人心，数据供给主体的数量将持续增长。在遵守法律规范的前提下，除了未成年人、限制行为能力人等特殊群体外，几乎每一个社会参与个体都有可能成为数据供给主体，他们的参与将进一步丰富数据供给的多样性。

不同个体在数据经营方面的意识、能力和积极性各异，这导致即使年龄阶段相近、行为轨迹相似的个体，其数据供给的数量、质量和时效性也会有所差异。这一现象与个体间劳动、土地、资本等生产要素的参与度和贡献度存在差异的情况相似，因此不同个体的数据经营收益率自然也会有所不同。然而，数据供给涉及个体隐私，每个个体对隐私保护的态度和方式都不相同。有的个体相对保守，拒绝将自身数据用于任何形式的授权共享；而有的个体则认为，在数据经过脱敏保护后，参与数据流转是可行的，况且还能持续带来数据收入。因此，即使数据量相同，不同个体在数据供给的角色上也会有所区别，有些人可能成为有效的数据供给者，而有些人则只能算是潜在的数据供给者。

（二）数据供给的特点

1. 全面性

数据供给的首要任务是确保数据的全面性。在数据归人后，优质的数据供给应当尽可能实现对个体行为轨迹覆盖范围及其关联终端设备的全面映射。数据对个体行为的覆盖率越高，数据供给的全面性就越好。具体而言，为了准确评估特定个体的行为稳定性，需要获取其足够长时间跨度的相关行为数据，以便从时间维度上进行深入分析，同时，为了确认个体行为的系统性，需要汇集多个平台的数据进行综合判断，从而得到更全面的结论。此外，如果需要终端设备来支持分析，我们应当从设备的持续运行数据中提取有用信息，对主体行为进行深入分析和确认。这样供给的数据不仅全面而且质量高，能够为我们提供更准确、更有价值的分析结果。

2．时效性

数据归人后，提升数据的时效性成为确保数据供给质量的关键。时效性的提升意味着最新数据能够迅速成为下一步行为决策的重要依据，从而有效避免行为决策因信息滞后而产生负向偏离，确保交易警示的及时性。具体而言，记录行为轨迹的数据何时能够成为可共享的内容？是可以实时查询和使用，还是需要延迟一天或更长时间？这些都是衡量数据供给时效性的重要指标。如果全部行为轨迹几乎可以实时转化为数据供给，那么数据归人将不再停留在初级发展阶段，而是迈向了更高层次的应用和发展。因此，重视并提升数据的时效性，对于确保数据供给质量、优化行为决策以及推动数据归人的深入发展具有重要意义。

3．可信性

在数据管理中，确保数据的可信性至关重要。数据的价值在于其能够通过呈现的规律来支持完备性决策。如果数据归人后缺乏可信性，那么即使数据量庞大，也无法有效支撑决策，反而可能成为决策过程中的严重干扰和破坏因素。反之，如果数据是可信的，那么即便是单个重要数据也能对行为决策起到有效的支撑作用，由可信数据组合或数据集所构成的完整信息，其价值更是不可估量。因此，可信的数据从根本上降低了社会交易风险的识别和管理成本，对于推动数据社会的健康发展具有不可替代的重要作用。

4. 安全性

最后要注意数据的安全性。我们应以公共数据、企业数据、个人数据标签的分级分类为前提，明确可交易、可共享的数据范围，稳健推进数据的授权和共享。特别是个人的生物特征数据，如人脸、指纹等，具有独特性和不可再生性，如果直接将这类数据完全赋予个体，那么在使用和应用过程中可能会存在较大的安全隐患。为稳步推进数据利用和保护工作，建议将这些数据统一集中存储，实施严格的身份认证机制，再推进数据授权使用和查询，切实减少个人在管理和处理这些数据时的风险和顾虑。

随着相关法律法规的不断完善和数据底层技术基础设施建设的持续进行，数据供给的质量将得到持续提升，其全面性、时效性、安全性和可信性也将不断优化。然而，在实际推进过程中，我们仍面临一些挑战。数据归人后，数据主体和数据供给主体可能会出现分离。例如，企业被兼并、收购、破产重组后，原业务数据交由托管主体管理，未成年子女的数据需要监护人代为管理，而不具备完全行为能力人的数据也需要委托相应主体代为管理，此外，当自然人去世后数据遗产变更时，数据的接受人和原始数据主体之间也会出现分离。在这些情况下，为了确保数据的合规性和安全性，数据供给内容必须严格遵循委托人的意愿和社会整体价值最大化的原则进行处理，以最大程度地保护个体隐私和社会发展根本利益。

（三）数据供给的方式

在数据社会，数据对社会治理与经济发展的支撑作用日益凸显，具体来说，历史数据多角度、多方式不断渗透到各类交易判断和选择中，使得数据授权使用的频率日益增加。数据共享的主要目标是通过整合各类数据，更好地支持社会治理和交易决策，因此，只要数据内容能够便捷地为数据需求方所使用，就能有效发挥其价值。数据具有"所见即所得"以及可以多次无限量供给的特点，决定了数据供给的本质是数据使用权的授予，数据本身并不需要流动。

数据的供给建立在统一的标签体系之上，主要是通过开放数据标签属性和数据计算加工权限来实现。数据供给方式包括计算供给、核验供给、永久下载供给和数据访问权授予等多种服务维度。计算供给允许数据需求方根据实际场景需求访问并加工使用数据，只要确保数据加工过程可验证、可信，数据加工处理结果也就具备了一定的可信度。这种方式不仅保证了数据的安全性，而且因为数据处理规则由数据需求方制定，也进一步增强了需求方的自主性。核验供给主要用于接受数据真实性的核验，可以向可信网络中技术节点发起，也可以向业务相关方寻找确认。永久下载供给则涉及数据物理位置的转移，主要满足成果数据的交易需求，将成果数据由供给方保存转移至数据需求方保存。除以上三种供给方式之外，其余方式主要是数据访问权的授予，不仅有效节省了社会存储资源，还防止了数据的非法复制和传播，从而保护了数据供给方的权益。

（四）数据供给的发展趋势

在数据归人后的数据供给启动阶段，需要政府宏观设计和市场利益驱动两大主线共同推动数据供给的准备工作。公共数据因其独特的价值和作用，在多层次数据要素市场建设中发挥着关键作用。依托优质的数据资源生态，公共数据能够吸引和带动各类社会主体积极参与数据要素的流动，充分发挥其要素示范和资源配置的积极作用，从而激活社会其他数据资源的流转，提升数据市场早期的供给水平，并推动形成规模性的数据市场。

在公共数据交易的带动下，个体数据供需市场逐步激活，数据的个体财富效应开始显现，个体数据归集的基础设施也逐步完善。个体数据供给逐渐进入精细化发展阶段，数据标签的细化、交叉和立体化趋势明显，数据多模态处理技术的智能化水平不断提升，终端设备的数据归集进程也在加速。在这一过程中，对数据供给质量的要求越来越高，数据的可验证性成为数据的基本属性之一，数据的全面性、时效性、可信性和安全性也逐步进入更高质量的发展阶段。这些变化不仅有利于提升数据市场的整体效能，也为数据的深度应用和价值挖掘提供了坚实的基础。

二、数据需求

（一）数据需求的主体

在未来的数据社会，数据需求的主体将广泛存在于各个领域。这些主体无论其性质如何，只要对数据有核验和使用需求，均可成为数据需求的主体。它们既可以是政府机构、公共服务组织，也可以是企业法人、自然人；它们既可能是原生数据的需求者，也可能是衍生数据的需求者。在满足数据跨境流转交易的前提下，数据需求方的范围将进一步扩大，不仅包括本国个体，外国个体同样可以成为数据需求方。随着数据作为生产要素的理念日益深入人心，数据需求主体的数量将持续增加。值得注意的是，同一个主体在数据交易中可能扮演多重角色。它既可以是数据需求方，通过获取数据来满足自身的业务需求；也可以是数据供给方，将其持有的数据资源分享给其他需求方，实现数据价值的最大化。这种双重角色进一步丰富了数据社会的交易模式和生态结构。

数据需求方和实体经济交易方在时空上往往存在不一致性。个体的数据需求多数先于交易行为发生，然而，获取的数据并不总是能完全支持最终的交易决策。为了降低交易成本，在数据成本可控的前提下，个体通常会努力搜集更多的数据，以便选择更合适的交易对手并获得更优惠的交易价格。不同的个体在识别和发起自身数据需求方面存在差异，他们提出数据需求的场景和时间也各不相同，即使有着相似的年龄、教育背景、工作经历，他们对于同一笔交易中关注的交易历史数据和愿意接受的数据成本也有所不同。此外，对于过往交易数据的验证需求，不同个体同样存在不同的验证时点、验证资质的要求。所以，数据需求方和实体经济交易方存在显著的个体差异性和时空不一致性。

个体的数据利用能力取决于其发现数据需求以及低成本满足数据需求的能力。不同个体对利用数据来便利自身交易的意识存在差异，在确实存在数据需求的情况下，他们快速找到所需数据的能力也有所不同，此外，对数据进行二次加工以更好地支持数据场景的能力也各不相同。不同的数据需求方在低成本获取自身所需数据方面的能力也存在差异，有些数据需求方擅长经营数据，总能以更低成本获取所需数据，从而更有效地支持交易决策。在相同的交易场景下，有些人可能是有效的数据需求者，能够充分利用数据提升交易效果，而有些人则只能算是潜在的数据需求者，尚未开始利用周围个体提供的数据支持自己的交易决策。

（二）数据需求的特点

1. 场景性

数据需求通常具有强烈的场景性特点。交易主体在准备或参与交易时，其数据需求并非完全对应供给方的数据标签，由于大多数个体并非专业的数据处理人员，他们更倾向于直接获取合适的数据以支持交易决策。特别是在数据归人后，数据需求方更期望能够直接获取经过处理、与具体交易场景相匹配的数据。

2. 个性化和碎片化

数据需求具有鲜明的个性化和零散性特点。为了支撑各类差异化的交易行为判断和决策，碎片化、小额、高频的数据需求必须得到随时随地、便捷且低成本的满足，这种需求因个体差异而呈现出显著的个性化和碎片化特征。例如，在购买电脑时，不同买家会有不同的考量因素：有的买家只在特定品牌商家购买，有的只关注价格，有的则考虑送货时间，还有的重视交易付款的灵活性和二次转让的便捷性。对应的数据需求因此呈现多样化特点：有人需要特定交易对手的过往真实交易信息及评价，以辅助选择具体型号；有人则希望在更大范围内筛选交易对手，以追求更高的性价比；还有人希望选择能够接受灵活、个性化交易策略的商家。为了更好地满足这些多样化的数据需求，数据供给方需要随时进行重新组合和计算。只有这样，才能将数据灵活导入各类交易场景，实现数据与原有产业的深度融合，从而增强对原有社会治理和经济决策的支撑作用。

3. 时间属性

数据需求往往对数据的时间属性有特定要求。在某些情况下，很久以前的数据能够揭示历史某个瞬间或特定时间段内特定主体的行为特点和真实情况，帮助我们更深入地理解历史背景和发展脉络，对于全局判断具有重要意义。而在另一些情况下，数据需求则格外看重数据的时效性，因为最新的数据往往能够预示某个主体或事件固有规律拐点的来临，这对于交易主体预知并调整交易行为和条件至关重要。通过及时获取并分析这些数据，交易主体能够更好地控制交易成本和风险，实现资源在更长时间段内的优化配置，并不断优化交易决策。

（三）数据需求的方式

当数据需求由个体发起时，自然语言通常是表达这种需求的基本方式。鉴于数据需求具有随机性、碎片化、个性化和即时性的特点，数据需求方无法仅依赖数据标签来确定所需覆盖的主体数量、数据维度、时间长度或涉及的数据衍生请求，相反，他们更倾向于从自身实际需求出发，通过场景化、自然的语言来描述数据请求。举例来说，一个数据需求方可能会说"我需要附近500米内可以打印材料的复印店地址信息，单张打印价格不要超过0.2元"或者"请确认一下这家企业钛白粉（一种化工原料）的生产能力、价格，是否做过大型国有企业的供应商，此次数据交易支出不要超过10元"。对于这些具体且带有限定条件的需求，数据智能助理会将其拆解成对应的标签任务，并向特定或不特定的数据供给方发出数据请求。数据供给方在接收到请求后，会根据其掌握的数据资源和数据价格来响应这些请求，最后，双方会根据数据共享的具体内容和数量进行价格结算。整个过程中，自然语言作为数据需求的基本表达方式，起到了连接数据需求方和供给方的桥梁作用，确保了数据交易的顺利进行。

数据需求中，验证类需求占据重要位置，这类需求的核心在于通过验证交易对手数据的可信度，提升对场景决策的支持力度。验证数据真实性最直接的方式，是依赖业务其他参与方或见证方的响应来提供证明，此外，也可以通过中立性的底层技术参与方作出业务数据无篡改的证明，这种方式相对间接但同样有效。在获得数据验证请求后，交易方会综合考虑成本因素和业务需求，从而决定是否进行业务合作以及具体的合作方式。所以，验证类需求不仅关乎数据真实性，更对业务决策和产业发展产生影响。

（四）数据需求的发展趋势

随着数据时代的演进，越来越多的人开始选择利用数据来支持和改善他们的工作与生活，使之变得更加美好和便捷，这是基于"理性经济人"的本能选择。然而，在数据社会的初期阶段，由于数据供给相对有限，且支撑技术的智能化程度尚待提升，数据需求往往难以充分满足，特别是当数据的获取需要付出一定的购买成本时，数据需求方会更加谨慎地权衡数据的支撑效果与成本之间的关系。随着数据社会的不断发展，交易主体对数据需求的发起时间和方式也将不断优化，虽然数据使用需要成本，但数据对交易决策的支撑效果已经越来越明确和可靠，这一点会逐渐成为社会的共识。

数据归人后，个体不仅具备参与市场供给的能力，同时也扮演着数据需求方的角色，数据需求是丰富数据供给和完善底层支撑技术的关键因素。比如我计划在家附近开一个餐馆，可以将市场调研的数据需求表达为：请将外卖地址在附近 3 公里范围内的午餐订餐品类及消费金额的相关数据分享给我，大概需要 60 条数据，每条数据我愿意支付一定价格。在这一过程中，大量符合条件的个体历史积累的存量数据根据市场需要和愿意接受的价格进行共享，这些数据为餐馆菜单的制定和餐品定价提供了大量实际消费数据的支持，大大增强了新餐馆定位的准确性和运营的成功率，为市场活动行为提供了完备决策的有效支持。在这样的背景下，数据社会进入了一个"数据会说话"的时代，数据需求被满足的过程实际上也是数据以要素形式投入生产的过程（见图 3-1）。

数据价值的实现依赖于高效的数据共享与交换机制。在数据需求明确且供给充足的条件下，数据流转的顺畅程度直接决定了数据对社会治理和经济发展的支撑力度。数据的通畅共享，离不开技术的支撑：通过区块链技术建立数据确权、数据可信共享和智能计算机制，实现数据来源可确认、使用范围可界定、共

图 3-1（1）个人间数据交换案例

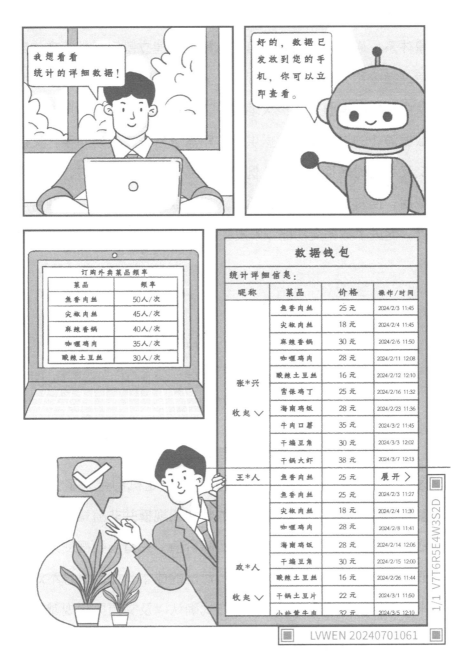

图 3-1（2） 个人间数据交换案例

享过程可追溯、二次加工可定制、安全风险可防范的数据可信共享体系；通过人工智能语言交互模型，建立基于自然语言的数据管理指令和交互机制，实现每个人都可以管理数据、使用数据并从中获得数据收益，极大地提升了数据的触达性和利用效率。在数据流转的过程中，数据供给方和需求方既是交易对手，又存在交叉和随时转换的情况。例如，交易前的数据需求方，在交易达成后，便转变为了数据供给方，这种数据和交易身份的融合与转换，促进了数据交易的频繁发生，进一步激发了数字经济的活力。

第三节
数据交易的新逻辑：收益分配的辩证探讨

数据作为一种生产要素，与劳动、土地、资本等存在显著的区别，其非竞争性和技术属性为价格决定机制带来了全新的维度。当数据归人后，数据交易的频次和规模并非随意确定，而是取决于数据为交易决策带来的实际价值。只有当数据交易的价格低于没有数据支撑时完成交易所付出的成本，如因信息不对称带来的关于交易对手匹配、交易方式确认以及交易风险规避等方面的支出，数据的交易行为才会发生。因此，数据的定价过程是个性化、多层次且复杂的，它不仅需要考虑数据的内在价值，还需结合市场的实际需求与供给情况。

一、数据价格决定

数据的价格受多种因素共同影响，其中最显著的是数据处理成本，涵盖了数据供给的基础成本、需求计算成本及合规成本等。首先，基础成本是数据的固定支出，包括数据的采集、处理、存储和传输等过程中的各项费用，这些费用涉及人力、物力、财力的投入，以及技术和设备的购置与维护，由于这些成本是数据处理的必要支出，因此是数据价格的重要组成部分。其次，需求计算成本也是影响数据价格的关键因素，特别是在处理复杂或定制化的数据需求时，可能需要投入更多的资源来满足特定需求，这种额外的成本通常会反映在数据价格中，使得定制化的数据服务价格相对较高。此外，合规成本也是不可忽视的一部分，在数据安全和隐私保护法规严格的地区或国家，供应商需要投入更多的资源来确保数据的合规性和安全性，这些合规性要求可能导致数据价格的上涨，相对而言，在法规环境较为宽松的地区或国家，由于合规性要求较少，数据价格可能会相对较低。然而，尽管这些成本看似庞大，但在实际交易中，由于数据可以被无限次交易，因此分摊到每个个体数据上的成本几乎可以忽略不计，特别是技术成本，在多次交易中其分摊比例会进一步降低，使得数据交易更加经济、高效。

数据的质量和稀缺性是价格的主要决定因素。高质量的数据因其具有高度的参考性和可信性，通常能够更好地满足需求方的分析需求，并有助于提高决策质量，因此价格较高。相对而言，低质量的数据可能存在错误、不完整或不准确等问题，需求方在使用这些数据时往往需要投入额外的资源和时间进行处理、筛选或验证，这自然导致了其价格的降低。此外，某些数据由于其独特性或难以获取而具备更高的价值。例如，实时数据和专业成果数据等被视为高价值数据，这种稀缺性增加了数据的价值，使得需求方愿意为获取这些数据支付更高的价格。相比之下，普通或替代性较强的数据由于获取更为容易，其价格通常较低。

数据作为一种特殊的商品，具有非竞争性和非排他性，这意味着一个主体使用数据并不会影响其他主体对数据的使用。对于数据供给方来说，同一项数据既可以同时卖给多个数据需求方，也可以无限次重复售卖，此外，不同的数据组合可以产生新的数据类目，并可以持续进行衍生数据的售卖。因此数据的供给量是无限大的，能够满足各种规模的数据需求。这种非竞争性和非排他性特点使得数据供给方的收入来源并非一次性或仅限于某个固定需求方。数据价格不再完全遵循传统的供需规律。当数据供应量小于需求量时，数据价格未必会上涨；而当供应量超过需求量时，价格也未必会下降。在定价过程中，数据供给方还需考虑其他数据供给方的数据对自身数据的可替代性，如果数据替代性较高，降低价格可能有助于达成更高频次的交易，从而增加总的数据收入。总之，数据的供给特性决定了其定价的复杂性和多样性，需要综合考虑供需关系、数据可替代性等多个因素。

数据需求呈现多样化特点。对于同一数据，不同的数据需求方在不同的交易时点、使用方式和目的下，其需求曲线均会有所差异，数据需求方所愿意支付的价格也各不相同，甚至对于同一需求方而言，在不同的交易场景中，其愿意支付的价格也会有所变化。这种价格差异主要取决于多个因素。首先，实体经济交易标的大小是一个重要考量，标的越大，往往意味着数据需求方对数据的依赖程度越高，愿意支付的价格也可能相应提高。其次，交易的急迫性也会影响价格，当需求方急需数据时，他们可能愿意支付更高的价格以迅速获得所需信息。再次，数据对交易决策的支撑价值也是一个关键因素，如果数据能够用于决策、产品开发或市场营销等关键环节，其价值自然会更高。最后，数据需求方给出的价格还受到数据个体间的可替代性影响。

对于可替代性低的数据，看似数据价格的控制权将重新回归供给方，但因数据"所见即所得"的特性，数据价格并不是完全由供给方决定的。在此情境下，若数据供给方采取价格歧视或坐地起价策略，我们可能会担心数据价格会无限攀升。实际上，当数据价格过高时，需求方有动机从已拥有此数据使用权的购买方处以低价格获得数据，或者委托看似替代性较高的第三方购买。

这种方式将使得数据价格最终回归市场均衡状态。因此，对于数据供给方而言，最明智的策略是保持数据价格的稳定，这样做不仅有助于维护市场公平，还能确保同一数据可以多次交易，从而最大化其商业价值。

对于数据供给方来说，实际中的数据交易次数并非仅由供给方的意愿决定，它更多地受到数据可替代性的影响。如果数据定价过高，潜在的数据需求方可能会选择其他更为经济、可替代的数据源，从而导致交易次数显著减少。这种情况下，尽管单次交易的收入可能较高，但总体上数据供给方的收入会大幅减少。因此，为了最大化收入，数据供给方需要在定价时综合考虑市场需求、数据可替代性等因素，确保价格既能体现数据的价值，又能吸引足够多的需求方进行交易。

$$R= \sum_i p_i \times n_i \qquad (3\text{-}1)$$

式 3-1 中，R 表示单笔数据总收入；p_i 表示数据交易的价格；n_i 表示在某一价格下数据交易的次数。

需求的价格弹性（Price Elasticity of Demand，用 E_d 表示）是经济学中用来描述商品或服务的需求量对价格变动的反应程度的概念，其值为需求量变化的百分比除以价格变化的百分比。其公式通常表示为：

$$E_d = \frac{\frac{\Delta d}{d}}{\frac{\Delta p}{p}} \qquad (3\text{-}2)$$

式 3-2 中，Δd 表示需求量的变化值；d 表示初始需求量；Δp 表示价格的变化值；p 表示初始价格。

通过计算数据需求价格弹性，我们可以有效衡量数据需求方对数据价格变动的敏感程度。当数据需求价格弹性大于 1 时，数据需求被视为富有弹性。这意味着需求对价格变化非常敏感，价格的轻微下调将引发需求量的显著增长，而价格上升则会导致需求量的迅速减少。这种情况普遍存在于大部分数据主体，因为不同主体间的数据具有较强的替代性，个体数据需求受价格影响较大。相反，当数据需求价格弹性小于 1 时，数据需求被视为缺乏弹性。这意味着即使价格发生显著变动，数据需求量的变动也相对较小。这通常表明需求者难以迅速调整需求量以应对价格变化，这种情况主要适用于特定主体的数据或某些稀缺数据，这些主体或数据的可替代性较小。当数据需求价格弹性等于 1 时，数据需求呈现单位弹性。这意味着需求量的变化与价格变化成比例，即价格每变动百分之一，需求量也会相应同幅度变动。然而，数据依赖多次交易产生总收入，这种情况较为少见。通过分析数据需求价格弹性，我们可以更好地理解数据需求方对价格变化的反应，从而制定更为合理的定价策略和市场策略。

对于数据供给主体来说，深入了解自身数据资产的构成特点以及数据需求价格弹性是制定高效定价策略的关键。当需求价格弹性相对较低，即消费者对价格变动不敏感时，数据供给主体可以适当提高价格，从而增加整体收入。在需求价格弹性较高，即消费者对价格变动非常敏感的情况下，保持或降低价格则是更明智的选择，因为这样有助于提高交易次数和整体收益水平。然而，具体的定价水平并非一成不变，而是需要根据时间和外部环境的变化进行动态调整和优化。在数据需求初步形成的阶段，因为市场数据供给有限而导致需求价格弹性不高，那些率先形成个人数据资产的供给方将更有可能优先获得数据收入和财富，然而，随着更多数据供给方的加入，数据市场的竞争将加剧，从而导致数据整体价格水平下降。因此，数据供给主体需要时刻保持敏锐的市场洞察力，灵活调整定价策略，以适应不断变化的市场环境。

数据交易呈现出显著的个体场景特征，它会因交易主体、时间和场景的不同而发生变化。由于某些个体的数据具有稀缺性，或者数据质量相对较高，数据需求方通常愿意支付溢价来获取这些数据。另外，也会有个体愿意在一定程度上分享少部分隐私信息，以促成与数据需求方的交易，这些因素最终都会影响到特定数据和特定场景下的交易价格。在个体数据收入中，可交易次数是一个重要变量，考虑到数据本身具有可无限次交易的特点，当假设个体数据相对同质时，数据的价格实质上是由其可替代性所决定的。

二、数据收益分配

收益分配机制在资源配置中发挥着至关重要的作用，它能够有效引导资源向更优领域配置。为了实现资源的优化配置，各主体参与数据价值分配应基于其在各个环节的实际贡献，按照"谁投入、谁贡献、谁受益"的原则，构建数据要素按贡献决定报酬的收益分配机制。这一机制旨在鼓励数据生产产业链上的各主体积极投入资源、贡献数据，并共享数据价值带来的收益。通过这种方式，我们可以实现贡献与报酬相匹配，从而强化基于数据价值创造的激励导向。

线上服务平台通过线上组织商品和服务的供需两端开展业务，数据是这一信息化平台组织交易时自然产生的附属物。线上服务平台的核心目的并非为了生产数据，而是提供线上服务，但线上交易的方式不仅方便了数据的采集和生成，也使得数据能够以数字化的形式进行快速、便捷、规模化的组织和记录。在数据采集的基础上，企业进一步进行深度加工和处理，尤其是在数据分析和应用等环节，通过深度挖掘数据的价值实现更大的商业价值，从而确保平台的商业竞争力和可持续发展。值得注意的是，数据的生产成本已经在原有的线上交易佣金和服务费用中得到了完全覆盖。

线上服务平台在运营过程中产生的大量线上数据，为其作为独立的要素在市场中流转和交易提供了坚实的基础。尽管线上服务平台在数据生成中扮演着至关重要的角色，但其并非完全不可替代。回望历史，我们的祖先也发明了各种记录方式，只是受记录成本的约束，记录的颗粒度和覆盖面特别有限。另外，市场是充分竞争的，个体对线上服务平台是具有选择权的，单个平台不是决定数据生产后是否归人的关键因素，个体可以优先选择支持数据归人的线上服务平台。综上，线上服务平台虽然对数据生产作用巨大，但是生产数据不是线上服务机构组织平台的根本目的，并且生产数据的成本也已经被企业的生产经营成本覆盖，个体也可以从竞争性机构中选择有利于数据归人的平台，所以，线上服务平台并非个人数据生产的唯一必要条件。

企业法人和自然人多样化的社会行为构成了数据内容，没有这些行为，数据生产便无从谈起。政府、企业及个人的社会活动和行为轨迹，是数据产生的先决条件，也就是说，数据是这些行为数字化的反映，而行为主体在数据产生过程中具有唯一且不可替代的地位。个体的劳动不仅生产了数据，更使得个体成为与数据最紧密相关的利益共同体。同时，数据所描述的个体行为带有强烈的隐私属性和特点，通过数据的描述，我们可以较为完整地刻画出个体的特征。因此，在数据的收益分配过程中，数据主体必须拥有参与权。

另外，线下行为导致大量数据片段化甚至遗失，这是社会数据财富的损失，个体有积极地搜集自身数据的动力。随着人工智能技术和多模态识别技术的不断发展，线下消费或办理的业务已能够通过语音、照片、小票等多种介质实现便捷的数据汇集和整理，这意味着线下数据有望在较短的时间内实现数据归人和交易。同理，如果线上服务平台无法或不愿提供数据记录导出服务，那么其数据也将面临与线下数据类似的问题，存在数据主体自发通过多模态工具实现数据归人的可能性。

鉴于数据主体和线上服务平台在数据产生过程中都发挥着重要作用，如何根据各自的贡献来安排收益分配机制就显得尤为重要。平台对数据归人的贡献主要体现在两个方面：首先，数据由平台归到个体，再由个体提供给数据需求方，多次转手后数据的可信度将是个重要的问题，如果来自不同平台的数据分别由各个平台的数字签名进行数据来源确认，那么这些数据尤其是存量数据的可信度会得以提升，数据的共享性会变得更好，所以平台对数据归人后的数据可信度有优化价值。其次，线上服务平台还需承担数据归人接口的开发和维护成本，以确保数据能够正常、安全地传递给个体。这些技术支撑成本不仅反映了线上服务平台在数据归人过程中的投入，也可以作为吸引客户、增强客户黏性的竞争策略和手段。

基于现有情况，平台所产生的数据将主要由平台自身持有，并主要用于平台自身业务的经营分析，而不再提供外部的数据共享与流转服务。关于数据归人后个体产生的收入，建议在数据主体和线上服务平台之间进行合理的收益分成，在构建分成比例和机制时，应优先考虑数据主体的利益，线上服务平台则作为辅助角色参与。具体的分配比例以及持续时间或次数，应在双方自愿的基础上，通过双向选择和优化来确定。此外，平台应提供灵活多样的选择方案，数据主体既可以选择一次性买断数据权益，也可以允许平台继续获得收益分成。例如，平台与个人可按3：7的比例进行收益分成，而在参与个人数据收入分成满2年或达到5000次后，平台不再参与由此产生的数据交易收益分成。

通过这种精心设计的分配机制，充分尊重数据产生机制的顺序和根本关系，可以有效调动数据主体和其他经济活动参与者的积极性。这不仅维护了要素主体的核心利益，更促进了数据要素的共享与交易，为提升数据要素的收入及其对经济发展的贡献创造了有利条件。数据主体作为数据交易最关键的主体，调动其积极性至关重要，只有确保数据具备形成收入的价值，同时保持其活性并维护主体隐私，数据才能发挥优化生产关系、反作用于生产力的基本功能。只有这样，数据要素才能真正承担起其社会使命和历史角色，为经济发展和社会进步作出重要贡献。

在社会生产要素的占有和分配中，所有社会成员应享有平等的权利，包括平等使用社会生产要素的权利。然而，在数据管理这一特定领域，个体扮演着不可替代的角色。由于不同个体对数据搜集的意识、对数据交换的应用能力存在差异，导致他们管理数据的水平参差不齐，进而影响到他们的收益情况。具体而言，一些个体较早地认识到数据作为生产要素的价值，他们积极接受新的数据资产管理方式，在数据管理上表现得更为活跃和敏锐，能够及时捕捉数据资产的价值，因此可能较早地获得数据带来的收益。相反，有些个体固守原有的数据认知水平，对数据要素的价值意识不足，他们可能被动地接受甚至拒绝参与数据资产的管理，这些个体在数据管理上相对保守和滞后，因此在早期阶段尚未形成数据资产要素收入。所以，无论是企业还是个人，为了更好地参与数据要素的收益分配，需要及时提升自身对数据要素的认知水平和使用能力，积极参与数据共享和交换，释放数据红利的同时实现企业有数据资产、个人有数据财富的新收入分配格局。

第四章　数据归人推动的社会演进

　　确立数据归属权之后，随着个人间数据交换的深入，数据自身、底层技术支持架构以及市场参与主体均呈现出鲜明特征，并开始深刻改变社会的交易模式。从宏观视角审视，数据自由流动带来的总体效益远超所需的各类成本，直接促成了社会福祉的显著提升。鉴于上述各关键要素随时间推移而呈现出的明显阶段性特征，可以将数据社会的演进历程划分为三个关键阶段：孕育兴起期、加速发展期、深入变革期。

在技术的推动下，社会发展不断演进，数据登上了历史舞台。作为一种新兴且重要的生产要素，数据对人类社会历史进程将产生重大影响。它从最初只能支持机构作出关键决策的孕育兴起阶段，经过加速发展阶段逐渐演变成全体社会成员行为的工具和福利，进而发展到数据社会的深入变革阶段。通过将数据引入社会治理、经济发展和文化交往等各个环节，解决了信息不对称、不可信、不完整和不智能等问题，从而降低了社会信任成本，提高了社会运行效率。这进一步引导了社会商业模式、治理模式乃至生产关系的变革，又反作用于生产力的进一步解放和提高，催生先进生产力质态并创造新的数据时代。

这种"数据—交易—数据"的新型行为决策范式，优化了原有交易模式的信息支撑体系，同时，数据供需在全球的匹配范围扩大，个体成为数据流动的主体和基本单位，数据开始融入社会决策的过程，数据收入在个人要素收入中的绝对数额和相对比例开始持续增加。

表 4-1 总结了数据社会孕育兴起期、加速发展期、深入变革期三个不同阶段的特点。

表 4-1 数据社会不同发展阶段特点比较

发展阶段	数据特点	基础设施特点	市场主体特点	对社会交易方式影响	成本收益	阶段特点
孕育兴起	由各线上平台与各类合自收集到个体，故名下收集到个体，开始出现个体间数据流动	"搬数"工具成为支撑，标志体系开始构建，可信网络与智能数据管理基础设施逐步完善成熟	善于使用"搬数"工具的个体成为数据供给方，部分个体产生数据景象需求	存量数据的规模化归人和新增数据产生即个人并存。个体数据被启动，支撑部分低管理决策	收益：风险管理成本下降，交易机会增加成本：归人成本，供给匹配成本，智能基础设施逐渐加收入	个体间数据交易开始，支撑社会治理与经济决策，个体开始形成数据收入
加速发展	数据开始普遍具备价格属性，个体间数据流动，跨组织流动大规模流动现象也出现	社会基础统一的标志形成，可信网络与智能数据管理在全社会范围内完成	绝大部分市场主体已成为数据供求双方，市场主体协作方式更加多样	"智能交易"成为常态，基于个体数据流速开始流行	收益：具有风险管理，管理成本下降，交易机会增加，新增未来收入增加成本：可信、安全基础设施快速建设的收入	数据融合持续深化，基于数据的相关关系更及附加产品，金融管理成本基本免费
深入变革	数据供给与个体生命周期，行为边界基本一致，数据景象无处不在	社会基础设施普遍智能，支撑智能交易、特色数据，基于个体数据，智能化开展相关操作并自动执行	市场主体以灵活多元的方式运作，人与人，组织之间的关系开始发生变化	交易方式更加个性化，适配各种消费场景，减少交易摩擦	收益：新交易方式的收益和商业进步带来的收入增加成本：数据基础设施建设、数据跨境流动基础设施建设收入	个体间数据共享生产关系来了，生产关系重构，国际竞争对比的深刺动力，并促进社会生产力的进一步解放与发展

第一节
数据社会孕育兴起阶段：个体数据交换的萌芽

一、数据的特点

在数据社会孕育兴起阶段，以构建数据资产为引领，依托数据基础设施来完成数据资源归人，将分散在政府平台、线上服务平台中的各种行为数据和各类线下交易行为数据统一归集至数据主体手中，这是该阶段最关键的任务。在这个阶段，数据从机构流向个体，呈现出快速流动的特征。同时，数据也在这一阶段迅速融合，从横向割裂状态转变为以个体为枢纽实现融合互通，数据对行为的覆盖率开始迅速提高，数据供求市场的参与主体也开始发生根本性变化。

在这一阶段，由于受到历史积累的影响，原有的数据可信层尚未建立，一旦脱离线上服务平台的背书，数据质量将会经历一个短暂但快速下滑的阶段。虽然个体提供数据从本质上解决了数据横向扩展的问题，但数据质量无法保证且数据的不可验证是一个重大问题，这也是数据归人后需要面对的第一个重大挑战。由线上服务平台对其产生的数据进行签名，是增强数据可信度最快和成本最低的方式。同时，要逐步加强可信网络的建设，增加可信数据的数量和比例，并迅速导入每个个体的每次行为活动中，以更丰富、可信和智能的信息支持个体进行完备决策。

这一阶段，数据的使命仍是为原有交易赋能，主要用于支撑原有交易模式和交易生态的决策。在此基础上，数据开始在个体之间便捷交换，让社会的"数据经络"通畅起来，并带动社会、经济"主动脉"的循环和新陈代谢。在切实保护数据主体隐私、保障数据需求得以初步满足的前提下，数据初步实现了自动化脱敏、加密、智能计算和交互等功能，政府、企业和个体之间的数据流动通道开始建立。这一阶段的数据需求主要从风险控制角度产生，在扩展新业务变量、开拓新交易方式等方面的贡献较为有限。

二、数据社会基础设施的特点

在这一阶段，技术基础设施的首要任务是支持完成数据归人的基本操作，个体在线下、线上自发"搜数"是解决这一问题的关键。通过数字化、智能化的图片、文学、音频、视频等准确识别各种形式的数据要素，再利用人工智能语言交互模型的预训练学习，使其成为方便整理大量零散数据的小助手，个体能够及时、准确地进行数据整理、归类。如此一来，各种场景数据或行为轨迹就可以自动归类为统一标签体系下可定价、可交易、可固化的数据，支持完成存量数据迁移和新增数据归人。

　　数据的"所见即所得"特性决定了它必须以标签体系作为索引，而不是直接展示数据内容。数据归人后，会在层级标签下展示具体数据值，数据主体可以在标签指引下查看具体数据值，但不能编辑标签。数据需求方只能看到标签体系下数据值的特征描述，例如有多少数据值、数据是否经过可信加固等属性信息，而无法看到具体数据值。在数据社会的孕育兴起阶段，全社会统一的标签体系尚未建立，或者这种标签体系由多家市场化机构提供，其兼容性和内涵与外延的一致性都需要较长时间的磨合。

　　海量数据搜集起来后，如果没有后续智能化的数据处理手段和能力，要发挥这些数据的价值几乎是不可能的，因此，智能化的数据请求处理能力至关重要。基于个体数据构建本地智能助理，帮助个体处理各种多样化的任务，不仅可以自动响应数据请求，还可以根据交易场景的需要主动发出各种数据交易需求。这样，数据主体就无需陷入繁杂的数据标签和数据项管理中，也无需了解数据处理的逻辑，只需基于数据处理结果，根据数据请求方的意愿，以报告、文字、图表等形式进行反馈。基于人工智能语言交互模型的语义识别和理解能力，个体之间的数据交易有了坚实的技术基础，通过语言交流就可以实现数据共享和流转，使整个供需交易过程对于参与方来说更加轻松。

此外，全社会可信基础设施的建设也非常重要，广域网自由组网的可信网络和低成本的数据核验平台开始逐渐投入使用。网络信任的根本在于个体能够自由选择，要保证在任何位置、任何时间的个体都能随时加入网络，参与网络竞争，形成共识，进而参与和见证数据在可信网络中固化的过程。新增业务数据可以下沉到可信网络中进行可信固化，实现任意一个节点都支持可信度核验并出具可信报告，从网络角度还原业务发生时多个技术节点共同参与数据固化的情况。此外，可信基础设施还支持通过多签机制向业务交易对手方询问验证数据的真实性。存量数据的可信性依赖于原业务平台方的数字签名，这是对已有海量数据进行数据可信加固的快捷方法，只有这样，数据的确权和可信性验证才有了坚实的技术保障和基础。

三、市场主体的特点

当数据归人开始被初步认识和尝试后，线上服务平台为了提升自身的市场竞争力，会逐渐加强数据归人的服务。现有的应用软件也会升级，以便将共享数据导入交易的前、中、后全流程，更好地支持交易决策，并在交易完成后，现有应用软件也支持实现新增数据归人。除了交易对象的全面性及信用度、交易标的质量和价格、物流等因素外，单次交易产生的数据量、数据归人的便利性、平台参与数据交易分成的比例以及延续周期等也是个体选择线上服务平台时需要考量的因素。由于数据归人后带来的数据共享收入可能高于数据产生时的商品交易成本，所以个体选择线上服务平台的逻辑将会发生改变。

在数据归人的通道建立后，一些主体开始主动使用多模态工具搜集自身行为数据。部分个体开始逐渐意识到，数据供给可以成为一种新的收入来源，而且一旦拥有数据，就可以多次、重复地产生收入，这将激发个体搜集更多的数据。在此基础上，提供数据归人服务将逐渐成为线上服务平台提供服务时附带的必选项。线下各类机构在组织交易时，也会考虑提供便利的工具来帮助个体获取数据，同时节省各类纸质票证打印、保存和后续使用的成本。

对于数据需求方来说，他们逐渐意识到信息不对称带来的交易成本和风险管理成本中的大部分可以通过获取外部可信数据提供的全面信息来平衡掉。如果个体之间的数据交易方便、成本低且有效，那么在利益的驱动下，数据需求会自然产生，各种社会行为决策也将越来越多地得到数据的有效支持。在这个过程中，数据服务商应运而生，他们利用数据社会初期数据处理基础设施不完善、相关主体技能不足的机会，引导和帮助个体进行数据衍生，更好地满足数据需求方的需求，并从中获得服务收益。

四、对社会交易方式的影响

一种全新的交易方式——"数据—数据"开始在原有社会交易方式中规模化出现，前一个"数据"指的是个体获取自身的数据，后一个"数据"指的是个体间数据共享，我们将其称为数据"自转"。由于数据的数字化特征，天然支持的交易方式是线上交易，个体之间通过线上完成数据供需对接、数据共享交易、数据复杂计算等初步数据使用行为。由于交易主要在个体之间展开，且主要基于历史数据支持现有交易要素的选择，所以交易频率高、零碎是其显著特点，并且考虑到实际需要和成本开支，数据交易单笔规模小也是其特点之一。

当前的社会交易方式是"交易—数据—交易"，实体交易仍是社会交易的主流，数据只是交易的副产品，只有部分机构会利用这些数据对交易对象进行精准营销和风险管理，以促成下一笔交易。而在数据社会孕育兴起阶段，社会交易方式将会演变成"数据—交易—数据"的"公转"模式，数据将贯穿交易的全过程，个体开始依据数据选择交易要素，越来越多的数据会融入到各个交易环节中。得益于数据的支持，交易成本或风险管理成本开始下降，原有交易中的风控流程也开始发生变化。在新一轮交易结束后，交易主体会关注相关数据是否全部、及时归到自己名下，不断丰富自身数据供给的数量，并通过他人数据需求的

对接导入下一轮交易决策过程，从而完成数据社会新的交易方式
循环。

五、社会成本收益分析 [①]

数据共享和交易的社会成本的基本逻辑是：数据共享的收益
大于数据共享的成本。

$$R1+R2>C+S+I \qquad (4-1)$$

式 4-1 中，$R1$ 表示通过获取交易对手历史数据带来的现
有交易风险管理成本下降；

$R2$ 表示对外提供自身数据带来的交易机会增加和收入
提高；

C 表示数据归人的实施成本；

S 表示数据供需匹配成本；

I 表示社会基础设施投入成本。

个体间数据共享带来的收益主要体现在两个方面：首先，数
据能够有针对性地支撑交易要素的业务决策，与过去相比，业务
风险管理成本、交易摩擦成本和信任成本都有所降低，进而实现
交易收益的提高，这是数据共享的主要价值和意义所在。其次，

---

① 关于数据归人的社会成本收益分析，目前还较少，本章各节的"社会成本收益
分析"部分将"数据是技术驱动的生产要素"作为假设前提，尝试以各种技术投入作为
成本分析的主要内容，结合原有交易和新交易方式构建收益分析的框架。

个体在经营好自身数据内容和质量的基础上，通过点对点的方式，增加被交易对手发现的机会，从而增加实体经济交易的频率和规模，提高社会交易的活跃度。这两类收益都随着数据交易参与个体数量的增加、交易频率的提高而呈现出快速增长的趋势。

在这个过程中，个体间数据共享的社会成本主要有三个方面：一是数据归人的成本，包含两个方面，一方面是线上数据大规模从线上服务平台流向数据行为主体的技术投入、组织机构运营等成本，主要解决存量数据归人问题；另一方面主要是线下数据便捷归人的技术投入及实施成本。二是数据搜索成本，主要是社会标签体系构建和迭代成本。数据归人后，个体在短期内受习惯、标签体系规范性等因素影响，个体数据需求方搜索和匹配数据的成本不容小觑。三是社会可信、智能技术设施投入成本，包括但不限于可信网络、智能交互能力、数据存储和隐私保护教育成本等。

在数据社会孕育兴起阶段，因个体间共享数据习惯培养、商业模式探索、技术基础设施投资等的推进和持续投入，数据共享成本虽然在这个阶段显著快速增加，但同时也会随着数据交易规模的增加而逐步下降。这期间，个体数据供需市场初步形成，因数据交易带来的风险管理成本降低和交易机会增加的收益开始显现，社会整体数据交易收益略高于共享成本，甚至在很长一段时间里，社会整体数据共享成本要高于共享收益。

六、阶段特点

本阶段主要完成数据归人的产权归属，通过技术、政策等因素相互配合，将其顺利导入社会治理和经济决策过程。具体而言，在数据基础设施构建的基础上，通过"搜数"机制，把原来来自线上线下的衣食住行、工作社交生活等不同数据都归到个体名下。个体自身持有在各个场景下的身份数据、行为数据和各类数字化资产，并在智能化工具的帮助下，进行整理、打标签、存储、脱敏、定价等"治数"活动，以促进数据参与共享和交易。从个体数据利用的角度看，社会发展进入一个技术驱动的"行为归集—数据归集—收入提升"发展阶段。

在早期，由于个体数据供给不足，支撑决策的数据在广度、深度和可信度方面都存在局限，因此，需要借助价格、税收、财政等手段，加快实现数据归人，推动数据交易的硬启动。通过数据支撑决策的便利性和数据收入的示范效应，实现数据供需对接和数据共享，构建数据要素交易的新秩序。在此过程中，要加强对数据要素价值、共享及安全的宣传教育，使个体逐渐树立"搜数"意识，初步形成稳定的数据供给；同时，数据相关法律法规、政策规定要保持适度弹性，呵护和包容新的生产要素的出现，为新的生产要素的产生、成长和壮大留出时间和空间。

当然，要实现线上、线下数据归人以及数据的初级交换，启动数据"自转"模式并将其融入经济、社会决策和行为过程，还需要特别注意数据的存储安全和交换安全。要加强对数据安全意识的宣传，强化数据技术保护能力和措施，确保个体隐私和国家机密不被泄露。当一个国家在其范围内形成了初步稳定的政策环境、技术基础和交易意识之后，数据的跨境交易将逐步试点和启动，一些国家会开始制定数据跨境交易规则。在这个阶段，首先进行数据要素试点的国家，将为国内经济和社会治理的畅通提供个体数据共享的实践支撑，为促进区域和全球数据经济深入可持续发展贡献智慧和样板，让更多国家的个体开始享受到数据要素带来的新增收入。

第二节
数据社会加速发展阶段：个体数据交换的深化

一、数据的特点

经过数据社会孕育兴起阶段的发展，主体行为的数据覆盖率迅速提升。此时，数据共享和使用就具备了自然的动力，数据在交易的前、中、后期都能发挥重要作用，新的交易产生新的数据，新的数据又支撑后续交易的决策。这不仅是原有交易方式的升级，也是数据深度融入实体经济的体现，是数据围绕实体经济的"公转"，而独立于实体经济之外的数据本身的"自转"在这一阶段逐渐减少。

在数据社会的加速发展阶段，数据的可信层基本搭建完成，大部分流转的数据具备了可信属性，都可以通过业务交易对手和区块链底层网络节点进行可信度核验，真实性可被核验已成为这一阶段数据的基本特点。没有可信层加固的数据价值相当有限，就像流通货币中的劣币一样不受待见。数据主体会为了使自身数据从源头就具有可信性，而选择与具备这种可信数据生产能力的线上服务平台进行交易。

在这一阶段，受价值驱动，社会整体数据规模将创下历史新高，大多数个体都拥有了自己的数据资产，数据收入也开始成为个体收入中不可或缺的一部分。如此大规模的个体间数据流动的参与主体众多，流动频率高，单次流动规模小，如同人体的血液循环系统一样，数据参与到社会整个大体系的运转中，成为社会有效运行的必要组成部分。此外，个体之间的跨境数据流动也呈现出前所未有的突破式发展。基于此，个体能够在更广阔的范围内选择合适的交易对手，极大地促进了国际贸易的繁荣和活跃，这不仅是全球范围内资源配置的有效方式，也是人类走向更加紧密融合的有效途径。

二、数据社会基础设施的特点

当数据归人基本实现后，支持数据由线上服务平台归集到个体的技术基础设施开始逐渐退化。此时，数据产生即归人，数据管理和共享的智能、可信技术进一步得到强化。这一阶段的发展主要体现在新技术牵引的劳动力、数据技术等劳动资料以及数据等要素的优化组合和跃升。数据供需双方基本涵盖了社会的大部分主体，数据共享通道已经完全建立，数据存储开始出现更丰富的层次和更细致的周边服务。

在数据社会加速演进的阶段，数据标签体系已经成熟且稳定，统一的标签体系秩序也已建立。数据需要回归合适的位置，这个位置就是标签。标签体系的一致性、通用性和国际性至关重要，如果没有规范统一的标签体系，数据的可统计性和可查找性将会变得非常差。此外，数据标签体系也是数据共享中数据供需双方对接的语言体系，如果语言不通，数据需求方对数据供给方的数据就没有稳定的预期，数据市场就无法健康、持续地发展。

随着可信网络铺设密度的不断提高，可信节点和信号已成为技术基础设施的关键部分，可信网络也成为一种新的网络覆盖形态，主要提供信息固化和核验服务。随着人工智能语言交互模型的广泛应用，基于可信网络的智能合约开始盛行，这种通过计算机代码约定主体未来行为的新型工具逐渐普及。人人都能随时根据需要编写智能合约，不同主体通过智能合约工具约定承诺事项，当条件满足时约定的行为会兑现，便捷管理、约束未来行为成为可能，如此，不同主体之间的合作成本将进一步大幅降低。

智能化的数据处理和交互技术，是实现数据向生产要素转变的重要保障。数据要如同毛细血管一般深入社会和经济决策中，因此，必须支持无数个体平等地进行数据智能处理。例如，需求自动应答、智能隐私运算、多类型加密处理等，都需要在数据个性化、隐私性和智能性等方面具备良好的处理能力。更为重要的是，基于个体本地数据的模型预训练，可以模拟主体的行为特征，在获得授权的情况下自主、自动地对外交互。此外，搭载可信网络的智能终端的出现，不仅是硬件功能的创新集成，也是软件形态的新型物理承载方式，支持数据智能处理的硬件将逐渐得到普及。

三、市场主体的特点

在前一阶段的基础上，数据归人基本完成了数据的存量归集和增量汇集。这一阶段，数据一经产生就归属于个体，除特殊的涉及国家安全的数据外，大部分数据都明确归属于个人主体，任何线下、线上社会活动和经济行为都将具备数据归人能力，个体可以随时搜集自身相关数据，并以自己信任的方式进行保存。作为新型生产要素，数据已迅速融入生产、分配、共享、消费和社会服务管理等各个环节，深刻影响着人们的生产生活方式和社会治理方式。任何一个市场主体，既是数据需求方，也是数据供给方，数据需求方和数据供给方角色实时转换。

在经济往来中，随时进行数据交换成为交易的重要组成部分，政府治理、交易组织和社会关系愈发依赖数据流动，数据与人类行为活动紧密融合。基于此，智能合约的使用逐渐得到推广，更灵活、多样的市场交易主体涌现，参与到原本只有法人主体才能参与的事项中。个体能够通过数据标签在更广阔范围内、更自主地展示自身的资源与能力优势，以更灵活、可信的方式选择交易对手，企业可以实现更多低成本的外部资源配置，同时进一步降低运营成本，新型的企业间、企业与个人间、个人间的可信协作方式将出现，市场主体将更为活跃，交易更为繁荣。

四、对社会交易方式的影响

当数据流转更加便捷和通畅时，数据交易成为社会与个体紧密相连的交易方式。越来越多的个体更加频繁地提供自己的数据，展示自身经验、特色和核心竞争力，以此获得实体交易机会、实体交易收入和数据交易收入，同时也随时需要他人各种类型的历史数据来支撑交易决策。交易方式愈发智能，数据流转也更加频繁和通畅，"看数交易"成为个体工作和生活中不可或缺的内容和习惯，"交易后取数"也成为社会常态。也许会有越来越多的人愿意利用各种零碎、闲暇时间，通过各种新型智慧终端的屏幕，维护自身数据、查看自己的数据收入。

个体间的数据交易扩大了交易对手方的搜索范围，提高了社会资源匹配效率，更多的信息以价值的形式流转，数据支撑下点对点的交易决策成为可能，供需双方无需平台对接和组织交易，便可独立完成交易对象的筛选、交易方式的确认以及交易价格的确定。此外，还可以利用可交互的智能合约，创造出线上服务平台原本不支持的物物交易、个性特色交易等新型业务方式。例如，在数据社会的加速发展阶段，新兴市场主体通过智能协作，允诺让渡股权甚至未来一段时间的收益权，可以帮助资源禀赋不足的中小企业更快地汇聚客户并实现盈利，从而降低市场进入门槛。如此一来，市场竞争将更加充分，新生力量会随时涌现并活跃市场，消费者也能享受到质量更好、成本更低的服务。

五、社会成本收益分析

在这个阶段，新型生产要素带来的社会发展动力和经济增长活力能够得到更好的展现和释放。同时，整个社会的基础设施投入成本逐渐趋于稳定，新模式和新生态带来的新因素开始不断涌现并活跃起来，数据共享的成本逻辑依旧是数据共享的收益大于数据共享的成本。

$$R1+R2+R3>I1+I2+I3 \qquad （4-2）$$

式 4-2 中，*R1* 表示通过获取交易对手历史数据带来的现有交易风险管理成本下降；

R2 表示对外提供自身数据带来的交易机会增加和收入提高；

R3 表示新的交易方式和商业模式带来的社会交易增量；

I1 表示社会可信基础设施投入成本；

I2 表示社会智能交互基础设施投入成本；

I3 表示社会数据安全基础设施投入成本。

数据社会收益主要体现在以下三个方面：首先，数据可以更深入地参与到交易要素的业务决策中，进一步减少业务风险管理措施，持续降低信任摩擦成本，从而提高交易收益；其次，个体数据丰富和可信，带来交易机会的增加；最后，新技术和新数据支撑的业务新模式、新生态不断涌现，带来经济活力和总量的增长，个体在各类交易中对平台的依赖减弱，自身主动性增强，丰富的数据和便捷的技术变得触手可及，原本难以实现的事项成为可能，例如，通过智能协作工具，将未来的潜在收益转化为当前交易机会的增加，进而降低交易门槛，扩大社会交易的规模。

在这一过程中，数据交易的社会成本主要来自于保障数据顺畅流动的基础设施，包括三个部分：一是社会可信基础设施投入成本，包括数据确权和可信数据交换体系的投入，用于构建社会化的可信网络，以更灵活的方式确保可信数据的碎片化和个性化供需对接得以实现；二是社会智能交互基础设施投入成本，通过自然语言方式进行智能化数据管理的基础设施将直接影响数据作为生产要素在全社会的渗透程度；三是社会数据安全基础设施投入成本，随着数据交易的日益繁荣，对数据隐私保护基础设施的投入需要持续加大，与数据社会孕育兴起阶段一样，此项成本在这一阶段也会随着个体数据交易规模的扩大而持续上升。

总之，在数据社会加速发展阶段，数据共享的社会成本主要集中于可信、智能及安全方面基础设施的构建，这些数据基础设施在这一阶段基本投资建设完成。此外，个体数据交易不断发展与成熟，形成了对原有社会交易方式的强大推动力，整个社会因数据共享带来的总体收益超过付出的各类成本。

六、阶段特点

在优化原有交易方式、提升交易效率的前提下，探索以数据交易为基础的产品、服务和应用创新是本阶段的重要任务。数据收入已成为大多数个体收入的一部分，搜集、保护自身数据资产已成为社会共识。数据交易的频次远远高于实体经济交易和社会行为的数量，数据在社会治理、经济行为决策等方面发挥着积极作用，在帮助筛选理想的合作伙伴、创造合适的交易方式等方面也具有重要意义。数据共享进入稳定、活跃的良性发展阶段，个体数据收入增加，社会运转效率提高，推动社会形成"数实融合"的发展模式。

在此过程中，社会法律、财政、税收等政策环境得到调整，无论是公共管理、产业管理，还是经济交往、个人社交，相关流程和规范都与数据流动和数据积累相关。新的行为产生新的数据，从社会规则到个体意识，从旧的数据利用到新的数据归人，整个数据交易的闭环和"数实融合"的闭环基本完成。数据交易融入社会经济文化发展的全过程，使人类的生产关系和社会协作方式发生根本改变，机构的边界和组织方式也在不断调整和优化。

同时，数据跨境交易逐渐普及，个体可以在全球范围内寻找交易对手并确定交易方式，实现资源的全球优化配置，降低跨境交易成本，这也将对国际关系产生深远影响。数据社会发展带来的发展动力差异开始凸显，不同国家的发展速度逐渐呈现出数据社会的特点，一些国家数据的作用得到深度发挥，对生产力发展的促进和对生产关系的优化也更为及时，使国家具备更强大的核心竞争力和发展后劲，这种力量对比的变化将深刻影响未来国际格局的和谐与稳定。

第三节

数据社会深入变革阶段：个体数据交换的繁荣

一、数据的特点

在数据社会深入变革阶段，数据从产生起就归属于各类主体，数据的横向边界逐渐与数据主体的行为边界重合，数据的纵向边界则与数据主体的生命边界等同，数据行为的覆盖率趋近于100%。除非特殊情况，个体在现实世界的行为轨迹都将有数据的痕迹，甚至数据世界能够展现出一个更加真实、立体和理性的个体形象，与现实个体相对应的数据人就此产生。个体在一定程度上不再受数据可信度问题的困扰，对整个社会来说，信任使社会交易摩擦成本大大降低，数据能够更加自然、有效地支持未来的行为选择，这进一步降低了社会信任成本。

在这一阶段，个体数据共享变得顺畅且频繁。每个行为都在不断产生新的数据，数据供给规模持续扩大。随着数据交易成本降低和智能化处理程度提高，每一个数据需求都能得到及时响应。数据深入到生产和生活的各个方面，行为和数据的协同已成为社会运行的基本形态。经过前期积累，数据资产已成为个体不可或缺的一部分，与个体生命周期的关系也更加紧密。对于自然人而言，未成年时的数据由监护人保管，成年后数据逐步由自己管理，在生命结束后，数据是销毁、或是全部或部分由相关主体接管，还是继承等相关问题，已经形成了社会规范。同样，对于法人或其他机构，如果组织形式不再存在，数据处理也有了社会层面的共识性解决方案。

二、数据社会基础设施的特点

在可信网络铺设的基础上，可信数据开始支撑智能协作的普及，可管理未来信息流和行为流的智能协作逐渐取代现存各种交易平台，成为个体之间交互的主要方式。信息获取和信息发布的生态将彻底改变，以核验为目的的数据搜索得到普及，个体可信信息输出、数据统计和报送得以实现。这一阶段主要基于信息来源起点和信息发布终点的全面可信，开始高度普及智能合约，使个体可以像线上服务平台一样，通过自然语言交互编写智能合约，进而组织智能协作。智能协作替代线上服务平台筛选交易对象，确定交易流程、协议、支付、售后处理等，并满足个性化、场景化的交易需求。智能协作在一定程度上替代了原有机构的部分职能，成为这一阶段社会技术基础设施的主要内容。

当个体积累了足够多的数据后，可以授权人工智能语言交互模型访问自己的数据库，模型能够根据历史行为数据训练出个体智能助理，它不仅可以总结出个体的行为特点和惯性，还可以模仿个体的信息交互方式作出行为选择。个体智能助理能够更好地帮助各类主体决策和解决常规问题，甚至会让人感觉到这个数据人的反馈比真实的自己更了解自己。个体智能助理甚至可以根据对个体常规意图的判断预测个体未来的行为，让个体有更多时间和精力去主动规划和创造，从而享受数据社会进步带来的福利。

三、市场主体的特点

在这一阶段，主体参与市场活动的形式将更加多元化。个体不再仅依靠公司这种组织形式获取数据收益，他们可以凭借自身积累的数据，以更低成本参与更多交易。由于历史数据的可信度能增加未来收益机会，因此一次性合约中的博弈成本也会降低。这将突破现行组织结构的限制，个体不再必须以传统的公司制方式参与社会协作分工，其参与协作的时间、地点、内容和方式都将更加多样灵活。个体积累的各种特长、爱好和技能都能方便地转化为交易要素并产生收益，企业的各种业务产品和服务，即使非常小众，也能被客户轻松发现，并根据需求生成各种类型的业务合作机会。

在市场中，各方可根据具体场景的需求贡献力量，参与市场协作并获得相应收益。在过去，是供给决定需求，产品或服务进入市场后，消费者根据自身需求在既有产品中进行匹配，当没有商品能直接满足需求时，消费者只能作出次优选择。而现在，消费者可以提出产品设计建议，由独立职业设计师帮助实现产品打样，最后，厂家根据对市场的判断决定是否生产，如果商品销售产生利润，那么消费者、设计师、厂家则可根据各自的投入及贡献情况参与分成。如此一来，任何领域的个人经验和判断，都能在智能协作的帮助下清晰、便捷地组织起来，因组织机构运转而产生的损耗也得以降低，市场需求也能得到更高水平的满足。

四、对社会交易方式的影响

在数据积累的基础上，每个主体都拥有了自己的数据钱包，数据钱包汇集了这个主体线上、线下相关行为轨迹的信息，这些信息共同构成了一个个数据人。数据人之间可以自动进行供需匹配并完成交易，那些以往难以实现的交易，或是被线上服务平台遗漏的交易对手等问题，都将在数据社会深入变革阶段予以解决，包含主体大量信息的数据人可以在个体智能助理的支持下自主组织交易。个性化交易将交易规则的完备性交给智能模型处理，通过智能协作执行可信交易，能够更好实现资源匹配的个性化交易将会越来越多。

这种机制支持个体随时随地与周围的人进行交易，不仅可以和陌生人交易，还能支持点对点交易。点对点交易是相对于存在居间服务平台的一种交易方式，以前受信任成本、交易对手匹配难度以及自组织交易成本过高的限制，点对点交易很难实现。然而，随着技术的发展，点对点交易的智能匹配、可信追溯和智能交易都已成为现实，交易效率大大提高，这将带来更丰富的交易方式。例如，基于各自的历史数据，音乐学院的大学生可以用自己新创作的一首歌来换取回家的出租车服务，创作者的才华得到了认可和价值体现，司机也享受了独特的听觉快感，不再需要"才华—货币—购买服务"的过程，直接实现"才华—服务"的点对点交易。他们都无需担心这笔交易中的法律协议、交易流程和支付的信任问题，根据相关方用自然语言描述的交易模式，智能协作会自动组织好交易流程。

五、社会成本收益分析

在这一阶段，新的生产要素所带来的社会发展动力和经济增长活力得到了充分的展现和释放。同时，整个社会基础设施的投入成本也在逐渐降低，新的模式和生态开始对原有的交易方式进行优化和改造。数据共享的基本逻辑依旧是：数据共享的收益大于数据共享的成本，公式表达与上一阶段相同，但具体内容会有不同。

$$R \gg I \tag{4-3}$$

式 4-3 中，R 表示数据社会新的交易方式和商业模式带来的社会收益总和；

/ 表示社会数据基础设施投入和运维成本。

社会收益主要体现在以下方面：首先，个体在全球范围内初步实现了资源的低成本配置，使其能够在更大范围内选择成本更低、产品和服务质量更好的交易对手，进一步降低了交易成本。其次，更丰富、灵活的交易方式催生了更多的交易主体，在技术的支持下，它们摆脱了平台服务方式和成本的限制和影响，可以随时进行个性化交易。从交易协议的制订、交易流程的组织，到支付和售后管理，都可以通过一份智能合约来实现，这大大提高了交易规模和交易频次。

在这一过程中，社会数据基础设施的投入和运维成本主要来自两个方面：一是可信、智能及安全基础设施的运维和常规升级的投入，主要是确保灵活交易方式的便捷实现，以及基本解决技术的普惠性问题，让每个人都能够利用数据基础设施寻找、创造最低成本的交易方式。二是个体数据跨境流动基础设施的投入增加，尤其是数据跨境流动涉及国家安全，不仅需要在国内做好监督管理，国家之间也需要进行协调监管，因此，跨境数据流动保障和安全设施的投入相对较高。

在数据社会深入变革阶段，个体数据交易成为社会运行和发展的基础，社会实体交易几乎全面实现了个体数据导入和优化，交易信任成本大幅降低，交易方式不断丰富，整个社会的数据基础设施投入逐步降低，除了个人数据跨境交易技术投入局部增加，社会数据基础设施技术投入进入平稳的日常维护和升级保养阶段。个体数据共享带来的收益远远超过共享成本，个体数据交易红利得到充分释放。

六、阶段特点

个体间的数据交易促使社会、经济、文化等领域出现新主体、新模式、新生态，社会生产关系也因数据要素而发生根本性变化。人们能够随时找到更合适的交易对象，采用更适宜的交易方式，进而推动交易的达成。具有不同领域专长、经验和能力的主体，可以根据市场需求随时组合，协同完成商品设计、生产和服务供给，并依据效果分享收益。这使得交易主体更加广泛，交易模式更丰富且个性化，新的经济模式和生态不断涌现。新技术带来了新的生产关系和劳动方式，数据作为生产要素发挥重要作用，生产力和生产关系将发生深刻变化，社会发展也将进入新阶段。

数据作为新型生产要素，是数字化、网络化、智能化的基础，它已迅速融入生产、分配、流通、消费和社会服务管理等各个环节，深刻改变了生产方式、生活方式、社会治理方式、组织方式和思维方式。在这个阶段，数据社会的文化和创作繁荣达到了新高度，人们的智力劳动成果在技术和社会意识层面得到了充分的尊重和保护，新的商业模式、协同方式和生产关系为意识形态的发展提供了全新的内容和工具。法律政策、数据意识、基础设施等方面的构建，已经与新要素完成了匹配和适应。只要技术足够优化，人们掌握这种要素的平等权利不受其他因素过多制约，数据交易就能在促进人类共同富裕方面发挥积极作用。

由于各国具体国情存在差异，数据对社会发展的助推作用也有所不同。一个国家越早实现数据归人，个体之间的数据共享就越通畅、越活跃，数据对生产力的促进、对生产关系的重构能力以及对其他生产要素的赋能作用就越大，对该国经济繁荣活跃和居民收入提高的作用也就越显著，这样的国家在数据时代的综合国力就越强，在国际关系中也就更有话语权。总之，在数据要素的作用下，不同国家的综合实力对比将发生巨大变化，国际关系将进入一个新的平衡发展阶段。

第五章　数据归人的
深远影响和政策指引

　　数据归人后的内在运行规律，是将大量数据纳入社会经济的大循环系统之中。在此过程中，数据作为一种核心要素，开始为劳动力、土地、资本等传统生产要素注入新活力，不仅促成了商业模式的根本性重塑，更深层次地优化了现有的生产关系结构，进一步释放了生产力。这一系列变革，其影响力波及国际关系格局、国家治理模式、企业运营战略以及个人职业路径、生活方式和收入水平，展现了全方位的深远影响，预示着一个由数据深度驱动的新时代的到来。

第一节
国际关系和国家数据治理的新篇章

一、数据归人对国际关系的影响

在全球化背景下，数据已经成为一种重要的基础资源。然而，由于各国政府在数据归人方面的重视程度、启动时间以及数据基础设施等方面的差异，数据归人对数据社会进步的推动力也存在差别。通过少量的、局部性的数据流动，数据交易有助于跨境资源的高效匹配，这一过程将扩大交易对手的范围、丰富交易方式并降低交易价格，从而带来跨境交易能力的提升和国际贸易的繁荣。

随着数据归人的发展，数据作为媒介加深了不同国家之间的联系，从而促进了国际政治、经济的深度合作和文化共享、交流，这是人类协同发展的深化和进步。许多国际组织也在积极致力于推动全球数据共享和交流，以促进全球治理和发展。例如，世界卫生组织开展了全球疫苗接种数据共享计划，通过和其他国际组织合作数据共享确保了数据的准确性和可靠性，从而促进了全球疫苗接种工作的有效开展。未来，这种共享工作甚至可以实现世界卫生组织与全球疫苗接种个体之间更为直接、全面、及时和有效的数据共享。

　　为了推动全球数据共享和交流，我们需要开展数据交互、业务互通、服务共享、监管沙盒等方面的国际合作。这包括推进个体跨境数据贸易基础设施建设、加强可信区块链网络的互联互通以及增强数据的可信互认，这将有助于增加数据的国际使用价值。同时，根据国际通行的法律体系和数据保护规则，研发数据跨境共享管理的智能助理，会便利各类个体根据场景需要进行数据供需对接和流动。在此基础上，各国际组织将强化个体数据业务的服务和管理，利用数据流动赋能原有业务领域并催生新的机构业务方向。未来，致力于促进数据标准化和数据跨境流动的国际组织将会出现并逐渐活跃，这些组织将在推动全球数据共享和交流方面发挥重要作用。

　　作为一种新的生产要素，数据在跨境流动时，不完全是个体的自发行为，在一定程度上也需要考虑国家信息安全，无论是标签规则、数据格式还是传输方式，必须制定相应的国际公约和行为规范，减少因数据标准不一致或者转化难度高而产生的跨境数据共享摩擦成本。积极发挥数据价值和作用的前提是数据主权安全，考虑到个体数据跨境流动中的如下特点，各国在开放数据跨境流动前必须做好充分设计和准备。

　　第一，非法数据跨境流动的监测面临诸多挑战。由于数据量快速增加，数据不具有排他性，多个主体可以同时使用和访问数据，且数据可以被无限次使用并不断产生二次衍生数据，因此单从数据数量的角度很难观察到数据流动。另外，各国的数据标签可能不完全一致和对应，如果被恶意注入与标签不符的非法内容并进行跨境传播，识别和管理的难度将大大增加。因此，与土地、经济主权性质不同，非法数据跨境流动不容易被观察到，从而导致数据泄露风险增加。

第二，数据组合具有风险隐蔽性。即便有各类隐私和数据保护的法律法规，但如果将特定时间长度或者看似不直接相关的横截面数据关联在一起，那么通过数据挖掘和计算技术可以找出原生数据中没有直接体现的信息和规律，这种衍生信息可能会暴露无法预期的关键规律和隐私。如果这些信息被非法利用，会影响个体接触到的信息和认知边界，轻则导致有的个体因此遭受巨额损失，重则会带来国家安全隐患和风险。

第三，数据跨境流动的监管面临巨大挑战。由于数据的特殊性质，在经过多主体、多次复杂计算处理后，很难直接监测到损害数据安全的行为。因此，数据监管比以往对任何一种要素的监管都要复杂。为了应对这些挑战，整个监管过程需要引入许多创新性的理念，比如对参与数据跨境流动的个体、可以流动的数据标签都进行统一监管，并在监管沙盒里研究、探索、完善其可行性，相应的立法监管需要预留一定的制度空间，在法治框架内不断创新。

第四，各国标签体系的不同导致数据流动的风险和成本增加。各国标签体系融合了当地的法律法规、经济发展状况、文化风情等多种因素，同时，考虑到语言体系的差异，数据需求方在跨境数据流动中对供给方数据的质量和内容可能存在不同的理解，从而在定价上产生分歧。为了解决这些问题，各国之间需要加强合作和交流，共同制定一套融合不同国家标签体系的国际标准和规范，这将有助于减少数据跨境流通的摩擦成本，提高个体数据跨境流动的效率和安全性。

数据跨境流动与国家数据主权安全问题息息相关。传统的国家主权包括领土主权、领海主权、经济主权和货币主权等，它们都是在现实空间产生的，具有绝对性、最高性和排他性。然而，数据主权管理面临新的问题和挑战。每个主体的数据在汇总后形成庞大的数据集，这些数据集能够详尽地描绘出一个国家、地区或特定领域、行业内人群的生物特点、意识倾向、经济社会行为特征。它们几乎涵盖了整个国家或地区的典型行为规律和选择取向，从而在一定程度上揭示了国家、民族的社会管理、经济运行等方面的关键信息。然而，这些数据如果被恶意使用、滥用或引导公众，则不仅会破坏社会稳定，还可能为国际恐怖组织提供可乘之机，给国家主权安全带来严重威胁和挑战。

当数据归人后，标签标准管理、数据流动和人工智能交互的策略变得至关重要，这是关乎国家数据主权安全的全局问题，需要从国家法律、制度、组织机构、技术监察等角度进行立体、全面、全周期的管理。数据主权边界应该明确且不可侵犯，对跨境数据流动的主体、内容、形式、范围和频率等，需要制定严格的法规制度并进行技术检查。在数据跨境流动时，需要遵循基本的国家安全原则和相关的国际协定，在坚定维护本国数据主权安全的同时尊重他国正当权益，这将促使个体数据共享在更大范围内发挥决策支撑作用。

在此过程中，需要采取以下措施来优化跨境数据流动的相关制度体系：首先，各国应合力打击数据盗窃和滥用行为，为个体数据的跨境流动创造良好的国际环境。为了实现这一目标，主要国家需要达成共识，即在保护数据资源的同时实现共享。其次，需要平衡数据安全与数据资源共享汇集的关系。在保证数据安全的前提下，为数据跨境流动提供便利的技术基础设施、丰富的应用场景和完备的税收政策支持。最后，需要通过降低个体数据跨境流动的摩擦成本，使人们能够在数据的引导下实现更高效的资源配置，这将有助于增加个体数据跨境收入、促进贸易往来和文化交流。

二、数据归人对国家数据治理的影响

在寻求个体数据交易红利的过程中，政府扮演着关键角色，需要排除许多障碍以维护平衡并实现潜在价值。英国政府在"我的数据"项目中的做法值得借鉴。在这一项目中，英国政府并未获取能源、通信、金融服务等重点行业、重点领域企业的商业数据，也没有处理这些数据，相反，其职能在于产业协调、引导和生态构建。在提出"我的数据"项目后，英国政府在规范层面积极提供制度保障，以确保该项目的顺利实施。英国政府坚持全盘考虑、深度参与的定位，同时，在个体数据内容、主体行为及所有权相关问题上，采取了让位于市场主体的态度。

在数据供给方的引导选择方面，尽管数据归人是以个体自愿参与为主，但通过政府推动数据分类分级确权授权机制，各类市场主体可以在市场经营活动中依法依规采集所有不涉及国家安全的数据，并利用智能技术来支持更多数据完成归人的过程。同时，为了确保政府公共资源数据和能源、通信、金融服务等重点行业、领域的企业主体能够充分参与数据归人，政府在必要时可以引入政策工具，引导某些产业领域的数据能够以合适格式向个人和企业等主体提供，这样一来，除了个人主动"搜数"行为外，政府也能积极推动数据供给的丰富和增加。

在数据共享运转方面，政府的首要任务是牵头制订数据标签体系，使数据供需双方的对接可以在统一的标签语言体系下进行，确保技术及业务标准的一致性和完善性。此外，政府还需制定与数据共享运行相关的政策，如共享形式、衍生规则、定价体系等，同时，积极鼓励第三方数据服务商扮演好生态参与者的角色。政府还需确保数据安全，确保数据从线上服务平台顺利流转至行为主体，满足数据存储安全和成本可控的要求，并引导建立商业保险和索赔机制，以处理数据丢失或数据外泄的后续问题。

为了提高数据质量的可信度，完善的社会信用体系至关重要，它能够确保市场供需的有效衔接，为资源的优化配置奠定坚实基础，并对推动经济循环的高效畅通产生深远影响。为了在制度层面加强数据与个人信用之间的联系，需要采取以下措施：首先，针对数据失信行为，应运用行政手段进行干预。具体来说，对在公共数据形成过程中出现的弄虚作假行为进行标识，从而增加行为主体后续数据共享的难度和成本。其次，利用市场手段来引导可信行为的积累。如果被发现存在数据造假行为，相关主体售出的所有或部分数据交易次数将受到严重影响，数据供给方不得不暂时降低交易价格甚至免费提供服务，通过一段时期的诚信经营积累更多的积极数据，从而争取更多数据交易机会。通过数据价格的变化，影响数据收入，进而促使数据提供方遵循诚信原则。

> **积极数据：**主要是指在统一的标签体系下，数据所呈现的内容具有明确的正向指向性和完整性。这类数据不仅能够吸引更多的数据交易需求，还能为数据主体带来更多的交易对手和交易机会，从而有效促进数据交易市场和实体交易市场的活跃度。与积极数据相对的是消极数据，它们所体现的内容往往不利于数据交易和对数据主体的积极评价。因此，在数据交易和管理过程中，需要主动积累和利用积极数据，同时妥善处理消极数据，以促进数据交易市场的正向循环和可持续发展。

　　为了使政府在社会治理、经济运行和文化交流等方面的决策机制更加高效地适应个体间数据共享的需求，首先，需要通过政府引导，鼓励企业将数据主动归人，提高数据的透明度和开放度，这将有助于缓解消费者对企业滥用数据的担忧。其次，通过让客户参与数据确权和收益分享，激励客户输入更多个人数据，提升数据量和准确性，提高数据流转效率，从而实现社会治理、经济运行和文化交流的进一步优化。

　　政府、企业和个人共同努力，建立可持续的合作机制和运营模式，实现数据的价值化和商业化，并逐步释放个体间数据交换的红利。鼓励建立多模态数据归人基础设施，为个人提供便利的搜索环境并降低实现成本；引导线上服务平台开放数据，并鼓励其在数据交易中让利给个体，激发个人提供数据的积极性；对数据需求方给予补贴支持，引导创建积极的"用数"氛围；政府、企业和社会各方共同努力，推动数据资源的开放和共享，促进个体数据的共享和使用。

　　随着数据资源规模的不断扩大、数据技术的广泛应用与迭代以及数据产业化的快速发展，数据政策需要保持前瞻性和包容性，以创造有利于数据使用的开放法律环境。首先，应对公开哪些数据、以何种形式公开等作出明确规定，并强调数据合规、高效共享使用以及赋能实体经济这一主线。其次，要关注个人数据权益的保护，因为一部分人可能因为担心数据安全问题、怕承担法律责任以及缺乏数据管理经验等，而过度担忧数据共享带来的潜在法律风险。要解决这些问题，需要从整个社会发展视角出发，重新审视新型生产要素的价值和活性，建立健全鼓励创新、包容创新的容错纠错机制，并邀请立法、监管、学界和业界等专家共同研讨和完善相关立法，将个体数据交换带来的信息完备导入社会发展的各个环节。

第二节
企业与个人发展的新机遇

一、数据归人对企业的影响

数据归人中的"人"是指自然人和企业法人两种形态，企业既是数据归人的数据提供者，也是企业行为数据的搜集者。将政府所持有的企业数据以及供应链上下游的相关信息归入企业法人名下，有助于企业经营活动的开展，同时对企业内部生产、管理、市场营销、财务融资及企业周围微生态环境建设都具有深远影响。数据归人将进一步促进企业组织形式、供应链管理方式的改善，同时重新塑造企业的社会角色和定位。

数据归人后，客户在购买产品、服务过程中，所形成数据的数量、质量、可携带性及总收益等，也是未来选择合作伙伴时重点考量的因素。若企业不参与到数据归人的趋势之中，其声誉可能遭到减损，消费者会认为这些企业是不尊重客户的、不可信任的。企业在对个体提供数据时，要主动遵守行业规范，严格遵守数据全流程合规体系，确保数据来源合法、隐私保护到位、流通和交易规范，增加可信数据供给。所以，企业之间竞争的维度比以前更加丰富，需要为客户提供更加便捷的数据基础支撑服务，便于数据归人、共享及交易。

企业必须尊重用户的隐私权，明确告知用户数据收集和使用的规则，在获得用户明确同意后方可使用。为确保用户数据的安全与隐私，企业需采取一系列措施，如数据加密、访问控制和定期安全审计等，建立健全隐私保护机制。通过提高数据处理活动的透明度，企业能有效消除消费者对数据滥用的疑虑，从而增强消费者对企业的信任。这种信任将有助于企业获取更多个人数据，进而提升服务质量并推动业务创新。

企业需高度重视数据资产管理，考虑设立专门的数据管理岗位，负责全面规划和管理数据的搜集、使用及供给。为实现这一目标，企业应聚焦以下四个方面：第一，确保从外部平台搜集的企业行为数据的质量和完整，以构建庞大且优质的数据资产库。第二，在合理控制外部数据采购成本的基础上，充分利用各类数据资源支持完善的管理决策过程，进而降低企业运营成本。第三，通过精细化管理，减少数据存储和管理成本，同时提升数据衍生的能力，不断扩展数据规模，增加潜在收益的可能性。第四，为客户提供更优质的数据生产和归集平台，简化数据整合流程，以提升企业核心产品在市场中的竞争力。

在实现前述目标的基础上，企业还需关注数据需求采购和数据资产管理，将其纳入财务报表。具体来说，可以从以下两个方面着手：一方面，积极确认外部可信数据对企业合作对象选择、交易方式、风险管控和结算方式的影响，将数据采购成本视为企业生产经营活动中必要支出，并使用数据为企业交易和管理决策提供支持。另一方面，激活企业自身积累的数据资产，在采取合适的"脱敏"措施后，对外提供可信的优质数据以增加交易次数，持续提高数据交易收入，同时做好数据采购和供给的税务规划和优惠政策申请工作。

遵循数据相关机构和行业协会的指导，企业应强化自身技术实力，有效利用可信数据共享与交换机制，通过筛选合适的合作伙伴，提高生产排期协同效率和库存周转率，利用数据驱动产业链协同，将企业之间的竞争转变为产业链层面的竞争。针对非核心和非优势的业务环节，企业可在数据支持下进行业务转移或寻找合适的外包合作伙伴，通过数据连接外部服务资源，优化企业能力边界，在确保商业数据隐私安全的前提下，降低企业经营成本，提升供应链管理效率，并将企业数字化扩展至整个产业领域。

企业通过积极参与产业链上下游的数据供求市场，致力于建立跨机构的数据互联互通。实现这一目标的关键在于建立机构间的可信连接，使一家机构内的信息能够与政府、交易对手和金融机构等部门轻松共享。通过实体供应链的连续数据支撑，企业的数据流可以映射实际业务流，从而使资金流沿着数据流导入企业生产经营活动。这种数据流与资金流的结合极大地解决了金融机构在筛选服务对象、及时发现资金缺口以及贷后风险管理等方面的问题。如此一来，中小企业获取金融服务的难度和成本将降低，资金融通效率将提高，随着产业数据链带动金融服务链的发展，中小企业融资难、融资贵的问题将逐步得到缓解。

鉴于数据对企业生产经营的重大影响，历史数据和未来可能产生的数据都具有重要的价值和意义，因此，企业需要关注历史数据的质量和数量，以便为数据资产的持续形成和生产经营活动的决策提供支持。同时，企业还应充分考虑未来产生的积极数据，即体现自身优势的数据，这些数据可能对企业的长期业务拓展产生积极影响。企业应建立一个基于数据信用标签的综合评价体系，并以信用风险为导向来优化内部资源配置，这将有助于企业避免为了短期利益而增加未来无限交易成本的行为。例如，制假售假、违法广告、虚假宣传、侵犯消费者权益等违法、失信行为的数据标签应具有异常警示功能，从而建立起一个企业不想失信、不敢失信、不能失信的长效机制。进一步地，企业要利用信用标签分级分类管理、信用标签惩戒、信用修复等制度，及时进行行为调整和动态纠错，提供更令客户满意的产品和服务，从而形成更多来自客户和合作伙伴的积极评价和有利数据积累，引导企业建立和优化数据秩序。

同时，要重视数据价值的利用，充分发挥信用度高的企业的积极作用。一方面，鼓励使用数据手段降低小规模生产经营者的起步难度和门槛。例如，在创业早期，创业者往往面临原材料成本高、管理成本高、客户资源少、议价能力低等挑战，将创业者的个人生活数据与创业工作数据打通，对于生活中信用度高的个体，其在寻找合作伙伴、匹配金融服务等方面都会得到更好的支持。另一方面，充分发挥中小企业和个体工商户对未来积极数据的预期作用，优化营商环境，鼓励企业主动利用数据手段进行跨期收益调节，通过公布可信的历史交易记录、承诺未来收益补偿机制，帮助创业者在短时间内吸引更多交易对手，快速建立持续盈利能力。

二、数据归人对个人的影响

个人不仅是劳动、商品和服务的供给方与需求方，也是数据的供给方与需求方，但作为数据主体的角色服务于实体交易的需求。数据归人后，人与人之间的关系将更加直接和亲近，人们不仅可以方便地与陌生人随时组织协作，还可以与其他国家的个人直接进行买卖。由于个体数据经营管理能力不同，会产生收入差距，进而导致不同个人在未来社会发展分工参与度的不同。

数据供给是固定的，在保护隐私的前提下，时间长度和数据价格是影响数据交易频率和收益多少的关键因素。更长的时间跨度和更低的价格，都能够提高数据共享的速度和频次，增加个人参与数据交易的总收益。由于每个个体的数据积累和使用策略不同，数据的流动性也不同，因此凭借数据要素获得的收益也会有所差异。接下来要做的就是要么让一定量的数据尽可能多地进行交易，要么进行深度衍生以产生更大规模的数据，进一步增加未来收益的可能性。优秀的数据经营者一方面会尽可能多地收集自己行为产生的相应数据，另一方面会及时优化数据管理和衍生数据，通过合适的定价策略，尽可能让更多潜在的数据需求方找到自己。

数据归人后，数据主体拥有了自己在各个场景下的可信行为数据和数据资产，并能根据特定和非特定交易对手的需求完成数据供给。例如，个人可以通过有偿调研问卷，利用自身既有数据填写问卷，自动获得问卷应答收益；通过提供可信简历，每项资历和工作经历都可以查验，方便个人获得工作机会。个人的能力标签也更加丰富和多样化，除了与固定公司签订劳动合同外，更多兴趣、特点和特长也可以通过标签被有需求和感兴趣的主体搜索到。个人能力供给还可以通过数据交换得到确认，有更多机会转化为劳动有效供给，得到市场认可并促成交易，从而提高个人收入水平。

在数据生产方面，勤勉的数据个体会主动学习和适应新的要素资产及相应的技术，让自身在数据资源方面占有先发优势。在数据社会早期，因技术及产品形态的初级性，数据管理和使用可能存在一定入门门槛，导致在特定发展阶段会形成个人数据收入获取能力的差异。收入的差异会导致数据第三方服务主体的出现，帮助数据管理"后进"人群更快、更好地融入新型资产管理，这会给一部分人创造新的就业及财富积累机会。同时，数据基础技术会快速迭代和演进，直至变成大众皆可使用的普惠、平等的权益工具。

基于不同交易场景的数据供需，每个个体的收入和支出中也多了数据这一类目。随着数据支出的效果不断显现，数据支出规模在一段时期内不断上升，数据收入也会同步增加。个人要具有更好的运用数据为自身决策服务的意识和能力，争取在确定数据需求时间点、需求类型、范围和时间等基础问题上积累更多的经验，通过自然语言交互确定最小的数据需求范围、更简洁的加工方式，并支持作出更有效的行为决策。

在数据归人和价值化过程中，数据覆盖面不断扩大，数据可信质量也得到提升。然而，在这个过程中，个人需要提高隐私保护意识，了解自己的隐私权益，并采取相应措施保护自己的个人信息。与社会信用体系不同，数据信用本质上是一种技术体系支撑的自律机制，它可以自动发挥风险识别、监测、管理和处置的全流程作用，并通过加大后续交易成本等方式进行信用风险防范化解。对于失信人，数据失信将导致其与他人的数据交互信任成本增加、自身数据价格下降、总体数据收入降低，只有在经过一段时间的信用修复、积累可信行为的积极数据后，才能优化数据质量。可信数据是社会信用体系的极大补充，通过降低后续数据交易收入的惩戒机制，从而推动个人的诚信落实到社会活动的各环节，为促进形成健康、持续的数据社会发展格局提供了良好风气和氛围。

第三节
法律法规和财税政策的完善与革新

一、完善政策法律法规体系

为了确保数据归人的顺利实施并使其价值最大化，需要提前做好法律和政策层面的深入研究与布局。首先，明确数据归人的法律基础是至关重要的一环，相关部门应制定详尽的法律法规，明确个体数据的各项权益，如所有权、使用权、加工权、抵质押权、继承权等，并规范数据的收集、处理和使用流程，既为存量数据资源向数据要素顺利转换和共享提供基础保障，也促进新增数据"产生即归人"，以适应生产要素新成员的出现。同时，可信数据的法律定位和认可，也是数据归人后需要解决的基本问题。可信数据作为新的信息维度，其可验证性对于决策至关重要。因此，需要明确可信数据与法律证据之间的界限和转化条件，以便在法律体系设计中充分考虑这一要素。此外，为了保障数据社会的稳定运行和跨境流动，需要逐步提高数据质量，确保数据的稳定、可信和统一。

在推进数据归人的过程中，应组织社会多方力量共同发力。

通过引导企业标准化数据格式，提高数据质量和可用性，降低数据共享成本。此外，数据标签作为数据治理的基础，应防止其碎片化、孤立和不成体系，以提高数据的互通性。此外，在推进数据归人的过程中，应优先考虑个人和企业迫切需要的数据，并对各类数据共享的适当性和优先级进行评估。公共数据方面，政府可以带头示范，将个人、企业的公共数据确权至个体，引导数据需求主体通过合法方式获取数据。同时，金融服务、能源、通信等行业都属于数据密集型行业，这些行业不仅拥有大数据，更拥有对数据存在需求的大量主体。因此，应与数据密集型行业内的优势企业合作，支持它们实现数据归人，使整个社会因数据共享带来的总体收益超过付出的各类成本。

考虑到数据的连续性和碎片化特点，数据的登记和确权应体现低成本、实时性和智能性，规范和引导数据技术支撑的数据交易市场，按照数据类型进行交易分类。基础原生数据中涉及个体身份信息，甚至个体生物特征信息，其存储和交易必须经过特殊处理和授权。数据交易服务商早期必须是持牌或备案机构，这既可以保护个体数据隐私权，又可以促进数据共享和使用，推动个体数据要素市场的健康发展。

由于数据治理、规范和安全都由人工智能语言交互模型代替个人来管理，因此全新的业务模式高度依赖技术的覆盖性、有效性和友好性，同时遵循"以终为始"，应尽早完成部分区域、商业数据、重点领域试点，实现数据资源体系构建和价值释放的初步闭环，确保数据全生命周期管理的安全性、智能性和平等性。在这一过程中，逐步建立数据要素治理的法律、机构和规范，引导国内先完成"数据—交易—数据"流程构建，最后扩展到个体数据跨境交易和商贸场景等领域。

在数据归人的实施过程中，数据的共享特性赋予了其巨大的价值，但同时也带来了前所未有的数据保护挑战，因此，建立强大的个体数据隐私保护能力是数据归人和有效流动不可或缺的基石。为了构建这一能力，首先需要在全社会范围内普及数据保护知识，并强调个体在隐私保护中的主体地位。此外，需要及时监控受限标签下的数据异常流动并关注特殊地址的高频、分散交易，加强数据共享监管、数据审计，明确各主体按照数据的采集、管理、持有、使用职责履行数据安全责任，加强关键基础设施的技术安全保护能力，探索完善个人信息授权使用制度和分级分类管理的数据标签体系。

完善相关制度和加强监管也是保护个体隐私安全的关键环节，建立健全主责监管单位的常规监督工作机制，让数据主体权利受侵害时可以及时申诉、维权，初步明确数据权益保护和争端处理机制，这不仅关乎个人的权益，更与国家的安全稳定息息相关。对于特定群体，如18岁以下的未成年人和60岁以上的老年人，需要制定更为严格的数据保护措施。例如，未成年人的数据可由监护人负责存储和管理，且不得用于共享；而老年人的数据在交易和使用时应采用最严格的隐私和脱敏设置，并限制其共享范围。同时，建立纠错和补偿机制也是必要的，以确保因操作不当导致的隐私泄露能得到及时控制和补偿。

数据向个体汇集会带来更大的数据泄露风险，需要强化国家关键数据资源保护能力，坚持从实际出发，确保标签、数据存储和流转的安全可控，并依托可信技术和智能技术科学把握工作节奏和步骤。在个体数据要素市场建设的重点领域，需要政府部门发挥培育生态和涵养数据的主动性和创造力，营造良好的生态环境，充分考虑数据供给惯性和市场主体的风险顾虑等，鼓励地方结合自身特点进行差异化试点探索。

支持数据基础较好的地区结合实际大胆改革探索，尊重基层首创精神，注重总结经验，及时规范提升，为数据归人和个体间数据交易总结全国范围内可复制、可推广的模式。根据改革内容，优先选择数据工作基础较好、群众数据意识较高、发展潜力较大的区域或者城市，在保护个人隐私和确保数据安全的前提下，根据数据类型分级、分类，建立严密的风控机制，有序推进部分领域数据归人及数据共享应用试点活动，严控数据标签的一致性和试点区域数量，控制数据使用范围和规模。开展试点效果评估，及时总结推广经验，定期对数据要素市场建设情况进行评估，及时总结提炼可复制、可推广的经验和做法。

改善数据要素市场环境，提升安全保障能力，需要破除阻碍数据要素供给、共享、交易的体制机制和观念障碍。许多主体对于数据归人并进行便捷及安全共享仍存疑虑，不敢、不愿进行共享数据，因此，需要通过良好的数据归人方式、机制和技术支撑，用大众可以理解的语言和推广方式来宣传数据归人的价值、意义，示范和宣传数据共享好处和收益。这将有助于培养个体数据互联互通的理念环境，并使其更多、更快地了解新型资产确权、交易协同及数据管理方式，从而主动、积极共享数据。

二、实施财税政策

在数据社会的发展大潮中，要想在互联网领域保持领先优势，必须解决大规模个体数据交易后的公平与效率问题，以及随之而来的再分配挑战。在分配时既要确保公平公正，又要实现资源配置效率的最优化，同时还需要充分发挥政府的再分配调节作用，避免因受教育背景、年龄、地区发展不平衡等因素导致的数据资产驾驭能力差异引发新的贫富分化。对于新兴的数据生产要素，优化数据确权，制定相关的财政、税收、金融政策，建立起与数据社会发展相匹配的财税政策和金融工具箱，形成只要个体愿意积极适应、主动经营，那么在新兴的数据财富机会面前，每个人都将享有平等机遇的氛围。

公共数据作为各级政府、企事业单位在履职过程中产生的数据资源，以其政府的区域管辖边界为限，展现了本区域主体从宏观到微观的多元风貌。例如，文旅数据中的游客来源、游览热点、消费偏好等信息，对酒店、文创产品服务商来说是精准经营不可或缺的数据资源。通过统一的标签体系，各地区、各部门开放和授权公共数据的使用，既有助于核验交易主体的各类资质，也为制定商业市场的布局策略提供了依据，更促进了跨区域的便利协作，同时，公共数据资源的开放也将给政府带来合理的财政收入。

（一）税收政策

对于自然人、法人等数据主体而言，他们通过行为活动、数据管理等方式获得数据交易的合理回报，这些数据收入同样需要纳入征税管理之中。税收政策是调节数据市场发展的重要工具，税率的灵活调整可以影响数据的供给、需求和第三方服务市场，进而刺激数据交易生态的完善和交易的活跃。随着数据市场的快速成长和成熟，数据交易活动产生的税收收入也在不断增加。在数据归人的初期阶段，税收政策应以培养生态、涵养税源为主，应对数据共享交易给予税收减免，同时对个人和企业所得税给予相应的税收优惠。

在构建数据交易的税制体系时，可以参考增值税的设计框架，以个体数据供给收入扣减个体数据需求支出后的差额作为应纳税额，这将有助于激发个体数据需求的活跃度。此外，税收工具还可以用于调整不同地区、群体间的数据收入分配，以促进数据交易的活跃和数据产业的发展。当个体数据交易模式日趋完善并形成产业规模后，这些税收和财政收入将反哺数据技术基础设施建设。当然，税制体系也会面临新的挑战和问题，如数据遗产继承问题需要同步探讨其税基和税收政策。

（二）财政政策

财政政策与数据交易之间的关系是相辅相成的。高频的数据交易将产生可观的数据收入，随着数据共享在社会治理和个体经济决策中影响力的增强，高频、活跃的数据交易将成为政府财政的重要来源。进一步地，这些数据交易过程中产生的财政收入，主要用于支持数据公共服务支出和数据底层基础设施建设。例如，引导财政资金支持技术基础设施的投入，将符合条件的数据技术和产品研发投入纳入研发费用加计扣除等。同时，加强对受数据经济冲击较大的弱势群体的保障和帮扶。数据资源的普惠化不仅丰富了弱势群体的收入来源，也在一定程度上减轻了财政资金转移支付的压力，从而更有效地促进社会分配效率的提高和公平的实现。

针对数据资产未来形成的收入确认，数据资产估值也开始变得重要，考虑到数据资产的显著特点，以前通用的财务记账准则也需要随之调整和优化。比如：不同于劳动、资本的排他性，同一数据资产可以同时共享给多个需求者，也可以重复销售多次，它的价值总和无法根据未来收益折现，这种情况下，是根据历史实际交易情况决定数据价值还是需要从其他角度创新性考虑？数据不同于原有的资产形式，随着时间推移它未必出现损耗，不需要进行折旧和摊销处理，甚至时间越长，反而呈现一种增值的状态。数据资产的这些特殊属性，在以前的财务记账规则中是没有体现的，如何对数据资产进行公允估值，如何进行财务规则调整和优化以适应数据要素资产化，这是需要提前准备的。

（三）金融政策

围绕数据要素普及的金融服务底层逻辑也会发生深刻变革，关于数据也会单独形成全新的金融生态。随着个体间数据交易的普及，资金流随着数据流导入到每个主体的行为活动中，金融机构通过对个体数据申请授权访问和交换，就可以查看授信对象的历史交易情况，从而决定是否授信及其规模、价格，基于即时、可信数据的共享和交换，使其进行贷中风险管理的成本更低、效率更高。在数据维度丰富和数据质量优异的前提下，数据渗透性越好，金融渗透度越高，产融结合程度越深。

数据归人后，资金流顺着数据流导入实体经济，数据具有了更广泛的使用价值，开始具有资产化的基础。当数据资产化后，围绕数据可以开发多种金融服务，如抵质押品、信托产品、保险产品等等，通过数据未来的收益可以换取流动性，实现数据的资产价值。但是当基于数据的金融服务不能有效履行还款义务的时候，因为数据的所有权涉及个体隐私和特征，数据内容权属依旧归个体，但未来数据共享、交易产生的数据收入归属相关债权人，直到数据收入可以冲抵金融服务成本和收入。

推进数据资产化的过程，需要防止没有交易价值和流动性的数据提早、过度资产化，以至于过度强化金融属性而忽视数据本身的实际价值，这容易导致数据泡沫。尤其是数据的确权、流动、交易等与技术密不可分，需防范一些骗子利用关于数据、技术的某些片面宣传和部分个体追求暴富、投机的心理，开展非法集资、庞氏骗局等活动，确保数据的资产化有扎实的价值基础和相应的操作规范，让数据资产化在健康、有序的轨道上行进。

构建数据金融有效市场和有为政府相结合的数据要素治理模式，逐步明确数据金融服务主体责任和义务，牢固树立金融机构的责任意识和自律意识，鼓励行业协会等社会组织积极参与数据要素金融服务市场建设，建立数据要素金融服务全过程的合规公正、安全审计、算法审计、监测预警机制，促进数据要素全生命周期可以便捷、安全获取金融服务。形成政府、金融机构、个体等多方协同治理模式，充分发挥政府有序引导和规范发展的作用，守住安全底线，明确监管红线，打造安全可信、包容创新、公平开放的数据要素金融市场环境。

第四节
数据技术与服务机构的发展与健全

一、重视数据技术发展

数据技术不仅是新质生产力的重要组成部分，更代表着未来产业的新兴与创新方向，为了在未来的国际竞争中占据主动地位，必须提前规划、布局，确保数据技术的自主可控与安全可靠。但技术的全面设计、准备和积累都需要时间，不可急于求成。无论是个体数据归人技术（集数），或是分布式数据存储技术（存数），还是可信数据交换和共享技术（享数），抑或是数据安全治理技术（安数）和智能数据分析工具（智数），这些都属于原创性引领技术，需要长时间积累和研发。

提高对数据技术的主动认知。随着可信技术、人工智能语言交互技术突破性发展，普通个体如今已经具备了管理自身数据的基础条件，这突破了传统的认知边界，是数据社会发展的必然趋势。人工智能语言交互模型和智能助理通过自然语言对话实现数据资产收集、确权、交易等操作，人人都可以拥有和管理数据资产；广域网自由组网的可信技术解决数据"所见即所得"、非竞争性数字资产即时确权及安全共享的问题。这两项技术的结合为数据顺畅共享奠定扎实的数据技术基础。

重视人工智能基础设施的搭建。数据归人的第一步是实现对庞杂但零散数据的自然语言交互，这为个体拥有、管理和从数据资产中获益提供了基础。无论个体背景是否有差异，只要他们参与社会交易，就可以通过自然语言交互的方式参与数据的全生命周期管理。智能模型能够拆解用户意图，形成并执行相应任务，实现数据的智能化处理。此外，数据处理最终呈现的成果应以易于理解的自然语言、直观的图表以及生动的视频等形式呈现。智能交互技术设施的普及和推广可以确保数据管理的平等性和普惠性，让每个人都有平等的机会参与其中。

重视可信基础设施的准备，切实降低数据确权及共享成本。数据因其碎片化和随时产生的特性，难以像土地等资产那样直接进行人工确权，因此，在数据归人之后，首要任务是从技术层面解决数据确权的便捷性问题，在此基础上，注重数据使用和交易过程中可信计算与智能合约能力的支撑。数据技术作为一种新型工具，其存在形态既不可见又难以触摸，这使得大部分劳动者缺乏使用经验，因此必须有比较完善、友好的基础设施作支撑，减少个体的使用陌生感、距离感，保障数据技术好用、易用。

实施统一的数据安全管控策略。完善数据分级分类安全保护制度，运用技术手段构建数据安全风险防控体系，从算法层面强化对数据的全面监管。在可信网络的建设中，秉持最小信息披露原则，通过灵活运用加密算法，分别适应不同场景、不同安全等级、不同时效要求的隐私保护层级的技术体系，在数据的生产、持有和验证阶段共同保障数据安全。同时强调算法规则的透明化，并设立算法治理审计机制和技术方式，以解决算法歧视、算法黑箱等问题。

数据技术作为社会底层基础设施，其成效往往需要经过一段时间的验证，甚至在规模化应用之后才能得以显现，在早期受众教育的过程中，需要发挥从业人员对新技术理念的宣传、普及的作用。特别值得注意的是，数据社会所涌现的众多技术，大多属于本源性创新，在推动社会向前发展的过程中，我们不仅要审视这些新技术、新产品、新服务和新生态的属性与特点，更要打破现有技术思路和设计的局限，追求技术和服务的创新性、落地性、系统性和前瞻性的结合。

如果离开技术，数据共享和数实融合就会成为无源之水、无本之木，因此需要聚焦解决技术本源创新与场景化适配等关键问题，在此基础上，开发出更高水准的硬核产品。当然，在新的科技浪潮下，各项技术并不是孤立存在的，不同技术往往相互关联、相互支撑，因此需要加强可信技术、自然语言交互技术、智能助理等核心技术的联合研发和攻关，形成不同技术之间的相互借力、共同发展，这也是数据科技领域发展的重要方向。

二、健全数据服务机构

组织机构是推动数据要素落地的重要牵引力，鉴于数据归人后的数据共享与隐私安全的重要性，未来可由国家相关机构主导设立相应的数据运营机构——数据服务行（Data Service House，以下简称"数行"）。"数行"是个体数据共享融通的重要落地机构，实行牌照准入制度，基于数据要素的社会属性，致力于构建可信、安全、统一的身份管理和数据标签体系，为个人和企业提供数据安全存储服务。同时借鉴银行模式与理念，将"数行"作为推动数据交易融通与应用增值、商业化的枢纽机构，以及解决数据安全与市场化配置的关键突破口，能够最大化发挥数据要素在"搜—归—用"动态流程中的作用，成为数据经济时代市场化资源配置的新平台（见图5-1）。

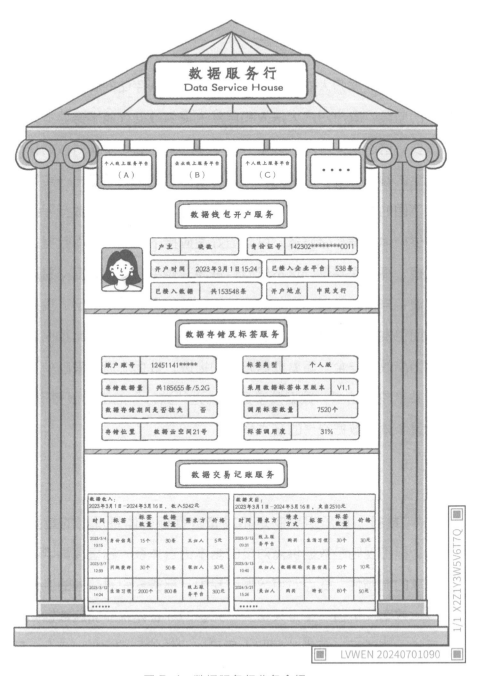

图 5-1 数据服务行业务介绍

（一）数据统一存储服务

随着数据归人的推进，考虑到个体数据存储的安全意识、能力的差异，政府对广大法人和自然人提供数据存储服务显得尤为重要。这不仅能解决因数据分散存储成本过高和个体对数据存储安全的顾虑而导致的难题，更能体现数据的核心价值——实现更大范围的共享使用，而非物理上的拥有与转移。由"数行"统一提供个体数据存储服务，可以更好适应接下来社会层面数据的大规模、高频次共享，这不仅节省资源，避免个体间数据交易造成的浪费与低效，还能有效防范因个体数据保护意识不足、投入不够而引发的隐私泄露风险。从这一角度看，数据共享比数据流通更为高效、安全，随着数据归人的推进，数据流通越来越少，数据共享越来越多，数据共享逐步成为"数行"的基础服务形式，也是个体间数据交易的基本模式。

（二）数据统一标签服务

"数行"还承担着制定和发布数据标签体系规则的重要角色。标签规则是数据供需对接的基本语言体系，它直接影响数据共享的流畅性。在点对点数据交易中，标签索引对数据的流通速度、效率及价值产生至关重要，完善的标签体系能加速数据归人后的入账过程，每类数据归人后可以尽快找到自己的"家"，可以快速形成数据资产并参与到共享与交易中，从而充分发挥数据要素的价值。标签作为一种新的机制体系，需要统筹设计、逐步迭代，可以首先考虑创建数据标签的应用示范区，重点在数据智能标签管理体系、数据安全标签管理体系及数据计算标签管理体系等方面进行实践探索。同时，标签的规范化也关乎数据流转的可信性、安全性，需防范不法分子利用标签系统传递非法、虚假数据，应加快建立公共信用标签与市场信用标签相辅相成的支撑体系，支持信用修复等机构的合规发展，培育具有国际竞争力的信用标签服务能力。

（三）数据服务生态构建

"数行"的设立不应该唯一，应该多家并存。首先，多家"数行"能降低服务风险，确保数据服务的稳健性和可靠性；其次，引入市场化竞争，有助于提升服务质量与效率；最后，"数行"之间的差异化服务能更好满足用户多元化需求。若用户需将数据从一个"数行"转移至另一个"数行"，各机构间应确保数据服务标签体系的开放标准兼容性，以保障数据的顺畅流通。"数行"作为服务支撑机构，其服务触角能够深入个体，提供身份管理、核验、使用记录查询、存储、挂失处理等便捷操作，便利数据账户的日常管理。在数字经济发展中，"数行"扮演着关键基础设施的角色，有助于汇集数据资源、打通数据共享通道、激活数据市场及促进数实融合，从而释放数据的多维价值和赋能作用。

围绕数据全生命周期管理和服务，培育一批数据服务商和第三方专业服务机构，形成涵盖产权界定、价格评估、共享交易、商业保险等业务的综合服务体系，壮大个体间数据交易产业生态。比如数据归人作为全新的技术驱动交易模式，在早期推动过程中会有迭代完善的过程，难免会出现各类风险，由保险公司提供个体数据交易方向的保险产品是非常重要的。通过保险公司提供技术安全保险或者数据泄露损失保险，提高数据新模式的推广度和接受度；另外，智能合约的完备性及风险可控性非常重要，风险可控性早期可以是人工律师审核，以后应该可以是人工智能来辅助完成审核，其中涉及的新风险也可以由保险公司参与分担。

政府应对数据服务主体实施严格管理，以确保数据服务的安全与合规。鉴于数据服务涉及个人隐私和商业信息，恶意的数据收集可能对国家安全构成威胁，因此关键服务主体必须在国家管理部门备案。强化线上服务平台的主体责任，落实"本人同意"规则，制定明确的数据采集、加工和使用规范，并采取有效措施防止数据泄露和滥用。同时，应加大对数据违规行为的处罚力度，严厉打击非法窃取、收集、买卖和转移个人数据的行为，推动企业从保护商业利益、商业信誉和核心竞争力的角度加强个人信息保护，形成竞争性的隐私保护环境。

充分发挥社会力量多方参与的协同治理作用。鼓励行业协会等社会力量积极参与数据要素市场建设，促进数据要素在不同场景下安全可信流通。建立数据要素市场信用体系，逐步完善数据交易失信行为认定、守信激励、失信惩戒、信用修复、异议处理等机制。畅通投诉和争议仲裁渠道，维护数据要素市场良好秩序。加快推进数据管理能力成熟度标准及数据要素管理规范的落实，推动各部门各行业完善数据管理、数据"脱敏"、数据质量、价值评估等标准体系。

数据服务生态的完善会大大推动数据资源的资产化，任何资源的资产化过程无疑会为交易市场的繁荣注入强大动力，这一点在房地产市场中体现得尤为突出。经过确权之后，个人拥有了明确的房屋所有权，这不仅激发了人们的购买热情，更推动了房地产市场的空前活跃。随着房地产市场的日益繁荣，相关产业也迎来了蓬勃的发展，建筑业、房屋买卖中介、装修建材、家用家电等相关行业纷纷崛起，形成了一条庞大的产业链。这些产业的发展不仅为经济增长贡献了巨大的力量，也为社会提供了大量的就业机会，促进了社会的稳定与和谐。拥有房产的人们不仅获得了资产的增值，更享受到了房屋带来的种种便利与福利，房屋资源的资产化对于交易市场的繁荣具有重大的推动作用，在这一过程中，房地产不仅带动了相关产业的发展，还改变了社会资产和财富的组成结构。

同样，数据归人后，数据资源的资产化、产业化不仅关乎个体数据的流通与交换，更对社会治理、经济发展和文化进步有着深远的影响。短期来看，个体数据交换的启动将促进新一轮的经济增长，并推动数据社会的发展模式逐渐成形。中期来看，随着个体数据交换红利的释放，社会治理、经济模式和文化发展都将迎来显著的变革与演进。长期来看，数据将与劳动、资本等共同构成数据社会的基础生产要素，推动生产力和生产关系的进一步相互作用，进而确立数据社会的智能形态。

为了巩固并深化数据作为生产要素的地位，亟须营造一个更加适宜的政治、经济、法律、技术及服务生态环境，使新型生产要素的积极作用得到充分发挥，进而推动新质生产力发展。数据基础制度建设在国家发展和安全大局中占据举足轻重的地位，政府政策的引导和萌芽环境的创造尤为关键，应加快数据归人在制度、政策、技术、生态等方面的建设步伐，激活数据经济发展动能，夯实下一代数据信息基础设施的核心能力。随着数据社会的到来，我们需要抓住机遇，积极应对挑战，共同推动数据归人的顺利实施，只有这样，才能充分发挥数据要素在社会发展中的牵引力，为构建数据社会奠定坚实的物质基础，增强国家核心竞争力，持续增加居民收入，促进国家发展和人民幸福。

第六章　共绘数据社会
未来的美好蓝图

　　在数据的归人化浪潮之下，个体间的数据交换以实际应用场景为航标，日益展现出蓬勃的生机与活力。这一变革不仅在社会治理层面激起层层涟漪，更在产业发展的广阔天地中播撒着创新的种子，也会在文化创作的沃土上催生出绚烂的花朵。政府、企业乃至每一个个体，都在这一技术驱动的历史性转变中重新定义着生产关系的内涵与外延。人类社会正由此踏入一个由个体数据交换所引起的、充满无限可能的全新智能时代。在这里，我们诚挚地邀请您扫描智能合约的 L 码，与我们分享您对数据社会发展的美好憧憬与期待。无论是对数据归人后人与人之间关系的新变化，还是对企业经营模式的革新影响，抑或是国际关系格局的演变……让我们共同为这个数据驱动的美好未来，留下浓墨重彩的一笔。

续写智能合约

合约标识码：7hgr580b372v8uhiojbttiombftuionbfr

合约内容

基于本书主题，通过扫描 L 码，写出您对数据社会未来的美好构想蓝图，可以是宏观的考虑，也可以是微观的视角，字数 3000 字以内。我们会定期择优线上发布续写作品。

合约到期后，将评选奖项：一等奖一名、二等奖两名、三等奖三名，纪念奖 10 份。获奖者将得到丰厚礼品。

履约条件：
- 作品内容为原创，不涉及版权纠纷
- 奖品邮寄地址准确无误

智能合约网络：　天成网络 网络共识节点23个

合约发起人：　吕雯
合约发起时间：　2024年9月1日
合约有效时间：　截至2025年3月31日

LVWEN 20240701422

1/1 XZAD3W58737Q

后记

　　作为数据科技领域的一名从业人员，我在区块链、人工智能等数据科技行业的探索已历经八载春秋。此书正是我这些年理论探索与实践认知的集合，它记录了我与同事们争分夺秒攻克技术难关的奋斗历程，也记录了我与客户们深入交流、共同成长的心得体会。尤为重要的是，它承载了我对初心与梦想的坚守与追求，见证了我在智能数据领域的探索与遨游。

　　在长达一年半的写作过程中，我亲身感受到了科技领域的风起云涌。从 ChatGPT 等通用人工智能大模型的崛起，到我国国家数据局的组建，再到《企业数据资源相关会计处理暂行规定》的发布，这一系列事件无不预示着数据对于时代日趋重要。与此同时，我所在的公司也紧随时代步伐，投身于人工智能轻量大模型的研发应用与智能硬件设备的设计落地之中。在这一过程中，新的技术思维、实现路径和产品呈现方式给我们带来了前所未有的学习压力和创新挑战。然而，正是这些压力和挑战激发了团队的斗志和创造力，让我们在数据科技的海洋中乘风破浪，勇往直前。

研究和认识数据归人客观规律的过程并非一帆风顺，其中充满了曲折与艰辛。但每当我感到迷茫和疲惫时，总有那些美好的瞬间如暖阳般给予我无尽的力量。2023年"十一"长假临近结束之际，我在父母家中通宵达旦地赶写书稿。凌晨四点半左右，我隐约听到父亲起床的声音，透过书房微微敞开的门缝，可以听到他在客厅的踱步声。中午时分，当我准备启程返回北京时，父亲终于忍不住开口道："孩子，别再这么辛苦了，身体要紧。"天下父母的爱总是这么质朴和温暖，却是伴我们执着前行的重要力量。更让我意想不到的是，有一天，上小学的女儿在学校被老师点名讲讲自己的职业理想，曾经有着自己美术、音乐梦想的她却脱口而出："看到妈妈每天很投入、很享受自己的工作，我特别羡慕，希望以后也像妈妈一样从事区块链、人工智能方面的工作。"自己对事业的热爱也不经意对孩子产生了影响，这倒是超出了我的预期并使我深感欣慰。

数据归人是涉及全新理念普及、政策法规制定、技术准备、商业模式创新等多方面问题的系统工程，其复杂性和综合性不言而喻。尽管在书稿撰写过程中我多次校正和完善，但仍难免有疏漏之处。因此，我期望本书的出版能够抛砖引玉，吸引更多同仁共同探讨、修正和完善这一领域的知识体系。在此，我要衷心感谢中国发展出版社王忠宏社长的鼎力支持，他鼓励并支持在纸质图书中运用更多数字化手段，使这部作品以更富创意和智能化的形式呈现给读者。同时，我也要深深感谢出版社编辑老师们的辛勤付出，他们的专业精神和无私奉献为书稿的完善增色添彩。此外，我还要向我的技术开发和产品设计的同事表达由衷的谢意，正是他们的鼎力相助和默契配合，让我能够以更加创新的方式呈现这部书稿。

为了进一步推动交流与合作，我特别发起了一个基于区块链技术的书稿建议智能合约，诚挚邀请广大读者对书中的观点、论述、案例等提出宝贵意见。一旦您的建议被采纳，我将按照合约约定的方式表达我的感谢，并在本书再版时认真汲取并采纳您的睿智建议，共同为数据归人领域的知识进步和繁荣发展贡献力量。这本书不仅是我个人事业的成长印记，更是我们这个时代科技发展的见证，期望它能够激发更多人对数据时代的思考和探索，让我们携手共建一个更加完善的数据归人体系，共同迈向更加可信、智能、美好的未来。

吕　雯

2024 年 4 月于北京

书稿建议智能合约

合约标识码：4bhy371a382v8alisoaosiwlxisodhfisa

合约内容

基于本书主题，通过扫描 L 码，写出您对本书内容、形式以及案例选取及再版建议等并在线提交。我们会定期择优线上发布优秀建议。

合约到期后，将评选奖项：一等奖一名、二等奖两名、三等奖三名，纪念奖 10 份。获奖者将得到丰厚礼品。

履约条件：
- 建议诚恳、有效
- 奖品邮寄地址准确无误

智能合约网络：　天成网络 网络共识节点23个

合约发起人：　吕雯
合约发起时间：　2024年9月1日
合约有效时间：　截至2025年3月31日

合约解释权归合约发起人所有

1/1 1631YAPJV6T7Q

LVWEN 20240701364